LEHRBÜCHER

DES

SEMINARS

FÜR

ORIENTALISCHE SPRACHEN

ZU BERLIN

HERAUSGEGEBEN

VON DEM DIRECTOR DES SEMINARS

BAND XXIX

BERLIN
DRUCK UND VERLAG VON GEORG REIMER
1911.

Die

Zentralkarolinische Sprache

Grammatik, Übungen u. Wörterbuch

der Mundart der westlich von Truk liegenden Atolle, insbesondere der Saipan-Karoliner

Von

Georg Fritz

Kaiserl. Geheimem Regierungsrat, gewesenem Bezirksamtmann in Saipan, Jap und Ponape

Berlin

Druck und Verlag von Georg Reimer

1911

Inhaltsverzeichnis.

Einleitung.

Die Karolinen-Inseln.

Die unter dem Namen „Karolinen“ zusammengefaßte Inselwelt der nordwestlichen Südsee erstreckt sich in einem west-östlichen Bogen vom 132.° bis zum 163.° östlicher Länge, zwischen dem 2.° und dem 10.° nördlicher Breite und liegt zerstreut auf einer Fläche von rund 3080000 qkm, also von der fast sechsfachen Größe des Deutschen Reiches. In ihren hohen Inseln vulkanischen Ursprungs: Palau, Jap, Truk, Ponape, Kusaie hat man die Gipfel eines versunkenen und (mit Ausnahme der südlichsten Palaus und von Feis, wo Hebungen festgestellt sind) weiter sinkenden Festlandes zu erblicken. Neben diesen meist basaltischen (Andasit-) Berggipfeln bezeichnen Schwärme von Atollen die Umrisse einstiger Erhöhungen und Berge, die nun bis unter den Meeresspiegel versunken sind und im allmählichen Versinken die an ihren meerumspülten Hängen sich ansiedelnden Korallen mit in die Tiefe nehmen. Auf ihrem versinkenden Sockel baut die Koralle weiter nach oben, bildet einen Kranz (Wallriff) um die Insel und schließlich ein ringförmiges Atoll um die meerbedeckte „Lagune“, in der nun der einstige Berg völlig versunken ist. — Die sinkende Berginsel mit dem ursprünglichen „Küstenriff“ erblicken wir noch heute in Kusaie; das die Hauptinsel oder eine ganze Anzahl solcher Berginseln umgebende, von ihnen durch einen mehr oder weniger seichten Meeresgürtel getrennte „Wallriff“ in Ponape, Truk, Jap, Palau; reine „Atolle“, d. h. niedrige, nur wenige Meter den Meeresspiegel überragende Kränze von Koralleninseln in den übrigen Karolinen.

Das Klima der Karolinen ist tropisch, gemildert durch die vorherrschenden NO-Passate und die zumal im Osten sehr häufigen und reichlichen Niederschläge. Die Temperatur schwankt zwischen 21° und 31° C. Malaria kommt als heimische Krankheit nicht vor, wohl aber vielfach die Ruhr. — Taifune, gewaltige Wirbelstürme, haben in den letzten Jahren 1904—07 die Karolinen heimgesucht, Ponape und Kusaie verwüstet und — verbunden mit hohen Flutwellen — besonders die Atolle Mortlock, Oleai, Ululsi in der furchtbarsten Weise verheert, viele Menschen vernichtet, alle Brotfrucht- und viele Kokosbäume und Taropflanzungen auf Jahre ertraglos gemacht. Die Leichen der erschlagenen, ertrunkenen Menschen und Tiere lockten zahllose Haie herbei, die wiederum die andern Fische, die letzte Nahrungsquelle der überlebenden, starken Bevölkerung verscheuchten. Um sie von der drohenden Hungersnot und der durch den schroffen Nahrungswechsel (Reis wurde zur Unterstützung der Notleidenden verteilt) bedingten Seuchengefahr zu retten, veranlaßte die Regierung eine zeitweilige Übersiedlung des Volksüberschusses nach den fruchtbaren und dünn bevölkerten hohen Inseln, besonders den Marianen. Auch diese sind von Taifunen bedroht, sogar in stärkerem Maße als die Ostkarolinen; denn erfahrungsgemäß muß man mit ihrer Wiederholung in Zeiträumen von 15—20 Jahren in den Westkarolinen und Marianen, von 50 und mehr Jahren im Osten rechnen. Allein die Hochinseln gewähren mehr unmittelbaren Schutz gegen die Wirkungen der Taifune und besonders gegen die Überflutungen, die Produktion der sehr fruchtbaren Marianen an Nährfrüchten: Mais, Süßkartoffeln, Jam, Taro, Mendioka u. a. wird durch die Stürme fast nicht beeinträchtigt, und ihr im Verhältnis hoher Kulturstand, die Sicherheit der politischen Verhältnisse läßt sie zur Aufnahme neuer Volkselemente geeigneter erscheinen als etwa Ponape und Truk.

Der Pflanzenwuchs ist einförmig auf den Atollen: der herrschende Baum ist die hier am besten gedeihende Kokospalme. Sie und der Brotfruchtbaum liefern den Karolinern die Hauptnahrung, Calophyllen und der Stamm wieder jenes überall in der Südsee heimischen Brotfruchtbaumes das Holz zum Bau der Kanus. Bananen, Taro, zuweilen Süßkartoffeln werden auch auf den Atollen gebaut.

Reicher und üppiger ist die Vegetation der hohen Inseln. Am Strande innerhalb des Wallriffes, zumal an der Mündung der zahlreichen Bäche, wo Süß- und Salzwasser sich mengt, haben die eigentümlichen, auf stelzenartigem Wurzelwerk die Flut überragenden Mangrovewälder sich angesiedelt. Durch ein Labyrinth von Kanälen gelangt man zum Strande, den die Pflanzungen der Eingebornen umsäumen: Kokospalmen, Brotfrucht, Bananen, Jam, Taro, Süßkartoffeln, Ananas, Limonen, Apfelsinen, Mango, Anonen, zuweilen Mais, Kaffee, Kakao. An den Flußufern wächst die zur Bedachung verwendete Nipa, mehr in der Höhe die Steinnußpalme und die nützliche Pandanus oder Schraubenpalme, deren Früchte als Nahrung dienen, während die Blätter zu Flechtwerk, Matten, Körben, Lendenschürzen und ebenfalls zur Dachbedeckung verwendet werden. Die Berge bedeckt meist ein dichter Wald von artenreichen Bäumen, Baumfarnen, Palmen, Schlinggewächsen sofern nicht, wie 1905 in Ponape, ein verheerender Taifun ihn fällte; dann erscheint überall der halbhohe Hibiskus, überragt von vereinzelten Hochstämmen des alten Waldes, die den Orkan überdauert haben. Auf Ponape sind ausgedehnte Flächen in den Bergen mit einer dem Manilahanf nahe stehenden, technisch verwertbaren Banane, der musa textilis tikap bedeckt. Die auf Jap und den Palau vorherrschende Savanne aus mannshohem Gras (Alang), Farnen, Moosen mit eingestreuten Pandanusgruppen ist auf Ponape und den Trukinseln weniger ausgedehnt.

Arm ist die Tierwelt, zumal auf den Atollen: Schweine, Katzen, Hunde, Hühner sind hier die Haustiere, auf den Hochinseln auch Rindvieh. Hunde werden auf Ponape, diese und Katzen auf allen Zentralkarolinen gegessen. Fliegende Hunde gelten überall als Leckerbissen. Ratten und Mäuse sind eine Landplage. Sehr zahlreich sind natürlich die Seevögel, einige von ihnen bereichern die einförmige Mahlzeit des Karoliners. Mehrere Taubenarten, die eifrig gejagt werden, bevölkern die Wälder der Berginseln, Enten, Schnepfen, Reiher, Schwalben, ein Eisvogel, Singvögel, auf Ponape eine große Eule und ein nur hier vorkommender kleiner Papagei den Busch.

Die Amphibien sind durch einige Eidechsen, Leguane (nicht

auf Ponape) Schildkröten vertreten. Die sogenannte „echte“ liefert das zu heimischen Schmuckgegenständen verwendete, auch einen Ausfuhrartikel bildende Schildpatt. Eine andere Schildkrötenart ist eine geschätzte Nahrung.

Die Flüsse liefern Fische und Krebse. Aale sind zahlreich, werden aber verabscheut und nur von der untersten Klasse der Eingeborenen auf Jap gegessen. Sehr ergiebig ist überall der Fischfang. Er wird meistens nur an der Küste, innerhalb des Riffes, selten und fast nur in den Westkarolinen auch auf hoher See (auf fliegende Fische, Delphine, Schildkröten) betrieben.

Die Bevölkerung der Karolinen gehört dem malayo-polynesischen Stamme an, der in grauer Vorzeit von den Sundainseln aus zunächst wohl die südlich des Äquators liegenden Länder und Inseln überflutete, auf Neuguinea und im Bismarckarchipel durch Vermischung mit den Papuas die melanesische Rasse erzeugte (darauf deutet die Verwandtschaft im Aufbau der Sprachen, polynesische Volkstrümmer, die sich in Melanesien — Matthyinsel — erhalten haben) und über Neuseeland, Fidschi, Tonga, Samoa bis nach den Hawaiinseln vordrang. Vom Osten her scheint dann, begünstigt durch die nördlich des Äquators vorherrschenden Ost-Winde und -Strömungen die malayische Völkerwanderung erst die Gilbert-, Marshall-, Karolinen-, Marianen-Inseln erreicht zu haben: Geschichte und Sage, die Richtung der Winde und Strömungen deuten auf eine Besiedlung oder Eroberung der Karolinen von Osten her. Ponape wurde nach der Überlieferung, die durch gleichlautende Ortsnamen und Titel gestützt wird, von den Gilbert- und Marshallinseln und von Kusaie aus bevölkert. Einer alten, noch erhaltenen Sage nach soll die Insel von Oau (Hawaii) aus entdeckt und besiedelt worden sein, das kleine, südlich von Ponape liegende Nukuoro wurde es ohne allen Zweifel vor vielen hundert Jahren von Samoa aus: seine Bewohner sprechen heute noch altsamoanisch. Die auf den Marianen neben den heimischen Chamorros lebenden Karoliner wanderten im 19. Jahrhundert von den Zentralkarolinen ein. — Auf ihren kunstvollen Hochseekanus unternehmen diese kühnen Seefahrer weite Reisen,

z. B. die von Poloat nach Truk und Oleai zu Handelszwecken, die von Lamotrek, Oleai, Ululsi nach Jap, um dem dort wohnenden Oberhäuptling ihren jährlichen Tribut zu bringen; die von Jap nach Palau, um dort die als Landesmünze heute noch in Jap geltenden Aragonitsteine zu holen. Werden sie, was leider sehr häufig stattfindet, verschlagen, so findet dies stets in der Richtung Ost-West bis nach den Philippinen hin, niemals umgekehrt statt. So wurden die südlich von Palau liegenden Inseln Sonsol, Pulo Ana und Merir von Sorol aus bevölkert und alle Anzeichen deuten darauf hin, daß auch die Masse des alten, von den Spaniern ausgerotteten Marianenvolkes nichts anderes als Karoliner von den Zentralinseln waren. Dort allerdings trafen die Malayopolynesier zusammen mit — oder wurden später unterjocht von — einem fremden, vielleicht aus Japan stammenden Volk, den Chamorros, die eine von der Masse streng geschiedene Aristokratie bildeten: die heutigen Chamorros (Samurai, der japanische Kriegeradel) tragen unverkennbar die Merkmale der mongolischen Rasse, in Höhlen auf Guam und Saipan findet man (wie auf den nördlicher gelegenen Bonininseln) merkwürdige Schriftzeichen, die auf japanischen Ursprung deuten. Zwischen den Marianen und Japan findet heute noch ein lebhafter Schiffsverkehr statt und es ist nicht einzusehen, warum dieser Verkehr früher gefehlt haben sollte: in den Ruinen der alten, seit spätestens 1698 verlassenen Chamorroniederlassungen auf Saipan, Tinian usw. findet man Scherben japanischen Porzellans. Bis nach Ponape erstreckt sich heute der japanische Schiffsverkehr; er tat es wohl auch in vergangenen Jahrhunderten, denn in der Tat erinnert uns die eigenartige Lehensverfassung Ponapes an Japan und die Bezeichnung jamaro (Chamorro, Samurai) tragen hier die Priester der alten Religion.

Auch im Süden, auf Jap und den Palau sind fremde Einschläge in der Bevölkerung nicht zu verkennen: hier deutet das krause, wollige Kopfhaar auf Zuwanderungen aus den Papualändern. — Das Ineinanderfließen verschiedener Rassen äußert sich u. a. auch in der Schädelform: der malayische Langschädel ist noch ausgeprägt auf den Marshall- und Gilbertinseln, weniger deutlich auf Ponape und geht im Westen, zumal auf den Marianen und Palau in mongolische Kurzschädel über.

Von diesen fremden Einschlägen abgesehen, sind die Bewohner der polynesischen und mikronesischen Inselwelt als Angehörige des einen malayo-polynesischen Stammes anzusehen, ihre Sprachen, Sitten, Rechtsanschauungen sind verwandt; aber auch nur verwandt. Unter sich doch wieder so verschieden, daß, was die Sprache anlangt, auf den Karolinen sechs Gruppen unterschieden werden müssen:

1. Die zentralkarolinische mit schätzungsweise 25000 Angehörigen. Sie umfaßt die Truk-Inseln mit 14000 Einwohnern und sämtliche westlich von Ponape, östlich von Jap gelegenen Atolle mit Ausnahme von Ngatik und Nukuoro; als Hauptgruppen die Mortlock-, Hall-, Lamutrik-, Oleai- und Ululsi-Inseln. Zu den Zentralkarolinern gehören ferner die Bewohner von Sonsol, Ana, Merir (südlich von Palau) und die etwa 2000 Seelen starke karolinische Bevölkerung der Marianen.

2. Kusaie mit etwa 400 Bewohnern.

3. Ponape mit Pingelap, Mokil, Ngatik mit zusammen rund 4000 Einwohnern.

4. Nukuoro mit 120 samoanischen Abkömmlingen.

5. Jap mit Ngulu, rund 7500 Menschen.

6. Die Palau mit etwa 4000 Bewohnern.

Die Sprachen dieser 6 Gruppen sind unter sich so verschieden, daß ihre Zugehörigen sich nicht verständigen können. Die räumlich und was die Zahl der Sprachgenossen betrifft, verbreitetste, ist indessen die der Zentralkaroliner. Sie wird auch von zahlreichen Bewohnern von Ponape, von dem nördlichen Teile von Jap (Gatchapar) und von vielen Chamorros auf Saipan benutzt und ist somit als die Verkehrsprache Westmikronesiens anzusehen.

Durch die insulare Abgeschlossenheit haben sich zahlreiche Dialekte entwickelt, fast jede Insel oder Inselgruppe hat ihre besondere Mundart, unter sich wieder um so verschiedener, je weiter die Inseln räumlich voneinander entfernt sind. So ist der Mortlock-Dialekt wesentlich verschieden von dem der Oleaier, beide wieder von der Mundart auf Sonsol; aber nicht so verschieden, daß eine Verständigung unmöglich wäre. Auf meinen wiederholten Besuchen sämtlicher in der ersten Gruppe zusammengefaßten Inseln dienten mir Saipan-Karoliner als Dolmetscher, deren Dialekt identisch ist mit dem auf Oleai, Lamutrik, Satawal, Poloat und den dazwischenliegenden Inseln gesprochenen und der Mundart von Truk sehr nahe steht. Von diesen Inseln stammen die Saipan-Karoliner: 1815 wanderte eine Anzahl von Trukleuten nach Saipan. 1865—69 wurden über 1000 Arbeiter aus Lamotrik, Satawal, Elato, Biserat, Onon, Suk auf den Marianen angesiedelt, 1905 an 100 Sonsol-Merirleute, 1907 200 Oleaier, 1908 500 Mortlockleute, letztere nur vorübergehend, von ihren durch Taifune verwüsteten Inseln nach Saipan gebracht.

Aus dieser Verschiedenheit ihrer Herkunft erklärt sich auch der Reichtum an sinnverwandten Wörtern in der Sprache der Saipan-Karoliner, der diese wieder zum Verständigungsmittel geeigneter macht als einen der übrigen karolinischen Dialekte.

Wörterbuch, Grammatik und Gesprächesammlunghabe ich mit Hilfe intelligenter Karoliner, besonders des Aufsehers Rebuenog, des Hilfslehrers an der Regierungsschule, Rapaito, und meines langjährigen Begleiters Romuloor gesammelt und dreimal überarbeitet; denn nur allmählich gewöhnt sich das Ohr an die neuen Laute, jede Bearbeitung gab zu Änderungen in der Schreibweise Anlaß. Zu um so größerem Dank bin ich daher meinen treuen Mitarbeitern für ihren Eifer und ihre Geduld verpflichtet.

Literatur wurde nicht benutzt, ist auch — mit Ausnahme vielleicht einer von amerikanischen Missionaren mit englischen Lautzeichen hergestellten und daher schwierigen Bibelübersetzung im Truk-Dialekt — nicht vorhanden, mir wenigstens nicht bekannt geworden.

Alzey, im März 1911.

Georg Fritz.

Aussprache und Lautbezeichnung.

Soweit sie ausreichte wurde die deutsche Lautbezeichnung angewandt mit Akzenten auf den betonten Silben, Dehnungs- und Kürzungszeichen auf den Vokalen:

å ähnlich dem englischen *a*[3].

ä, *ö*, *ü* stehen in der alphabetischen Ordnung hinter *a*, *o*, *u*.

ng hinter *n*.

sch hinter *s*. Mit *sch* wird ein Laut bezeichnet, der zwischen *r* und *sch* die Mitte hält, mit *r* anklingt und in keiner mir bekannten Sprache vorkommt. Die Wiedergabe mit *sch* kommt — wenn man auf die Einführung eines neuen Lautzeichens verzichten will — der richtigen Aussprache am nächsten, falsch ist jedenfalls die in der offiziellen Bezeichnung für die Inselgruppe Truk vorkommende Wiedergabe mit *Tr*. Früher schrieb man *Ruk*, richtiger wäre *Schuk*.

tj hat ebenfalls einen besonderen, durch *tj* nur mangelhaft wiedergegebenen Laut, der etwa entsteht, wenn man *t* bei geschlossenen Zähnen ausspricht.

ai wie das deutsche *ei* in Eifer.

oi wie das deutsche *eu* in Teufel.

ei getrennt auszusprechen *e-i*.

ff, mm, nn, ll getrennt, jeder Laut für sich auszusprechen (wie im Italienischen). Zuweilen bildet ein solcher Konsonant eine betonte Silbe für sich, z. B. *ḿ mang*.

l und *n* vertreten sich häufig: *llō̈* = *ńnö*.

d und *h* kommt nur in Fremdwörtern vor.

Grammatik.

Die folgende, m. W. erste Grammatik der zentralkarolinischen Sprache macht keinen Anspruch auf Fehlerlosigkeit oder gar Vollständigkeit. Zwar wurde sie mit Sorgfalt zusammengestellt, soweit eine nur $1^1/_2$jährige Beschäftigung mit der Sprache es ermöglichte; zu ihrer tieferen Ergründung gehört indessen eine eingehendere, langjährige Sprachpraxis, die mir leider versagt blieb. Möge ein Nachfolger den Mangel ersetzen. Dem ersten Studium wird aber — so hoffe ich — auch diese kurze Grammatik, trotz ihrer Lückenhaftigkeit, eine Hilfe sein.

Substantiv.

Geschlecht.

muan der Mann (= männlich)
schå'bot die Frau (= weiblich)
åt das Kind: *ät u muan* der Junge
ät a schåbot das Mädchen

bui muan der Bruder
bui schåbot die Schwester

statt *schåbot* kann bei Menschen auch *fäfen* (Weib, weiblich) benutzt werden:

ät ä fäfen Mädchen
bui fäfen Schwester

uåke (v. span. *vaca*) das Rind
uäke muan der Stier
uäke schåbot die Kuh
malük muan der Hahn
malük schåbot die Henne.

Zahl.

1. Durch bestimmte oder unbestimmte Zahlwörter:

sär das Messer
sär ekă einige Messer.

2. Durch Verstärkung des zugehörigen Adjektivs (Attributs Prädikats):

áramas tůmok der große Mann
áramas tŏtumok die großen Männer
áramas étumok der Mann ist groß
áramas retotumok die Männer sind groß.

3. Durch das zugehörige Verbum:

áramas e angang der Mann arbeitet
áramas re angang die Männer arbeiten.

4. *ĭueri īm* ich sehe das Haus
ĭueri n īm ich sehe die Häuser.

Deklination.

Genitiv: Durch das Pron. poss.

ät naün såmol das Kind des Häuptlings
goläg naür Respanes der Hund der Japaner
sär eän aramas das Messer des Mannes
īm uān líos das Haus Gottes (die Kirche)
māt an schanimuei der Acker meiner Frau
īm en kábüng me Gárapan die Schule von Gárapan
såmol en schan Samoa der Häuptling der Samoaner.

Dativ wird im allgemeinen nicht ausgedrückt:

ngang ingeni muan salape ich gebe dem Mann das Geld

aber: (Ablativ)

ngang i lŭgülüg ren muan ich glaube dem Mann
ngang i lŭgülüg ren lūk ich glaube an Gott.

Akkusativ:

muan éfáiö u schåbot der Mann liebt die Frau
muan refaiör schåbot die Männer lieben die Frauen
samol eäppäti muan der Häuptling straft den Mann
samol eäppätir muan der Häuptling straft die Männer.

Bildung der Substantiva.

Im allgemeinen ist das Substantiv gleich dem entsprechenden Verbum oder Adjektiv:

ángang arbeiten = Arbeit
mungo essen = Speise
ăto geduldig = Geduld.

semai krank und Krankheit
i semai ich bin krank
ea inâta eåm semai? seit wann bist du krank?
deine Krankheit
nō bleiben u. Bleiben
ebue nō igéi er wird hier bleiben
ebue fitirän ean no ua igei? wieviel Tage wird das Schiff [hier bleiben?
sein Bleiben
eśou eåm nō Guam? warst du oft in Guam?
viele dein Bleiben
mä sterben u. Tod
mĭne eān mä bis zu seinem Tod
åkünö befehlen u. Befehl
buile ei akünö osäföri trotz meines Befehls hast du es [nicht getan
mein Befehl
túmok groß und Größe
tau entfernt u. Entfernung
tou schwer u. Gewicht
eifaisül túmokon fáneu? wie groß ist die Erde?
Größe sein
i ē tumok er ist groß
eifaisül tauun igéi me T? wie weit ist es von hier nach T?
Entfernung sein?
etáu es ist weit.

Folgende Unterschiede sind mir aufgefallen, von denen aber wohl die meisten keine Abstraktionen, sondern synonyme oder sinnähnliche Verben sind:

sórobusch stumm	*mánobusch* die Stummheit; auch = stumm
selengépüng taub	*liselengāpüng* die Taubheit
mīsemis lügen, lügnerisch	*mīs* die Lüge
líueli tauschen	*líuel* der Tausch
mengi überlegen	*méngemeng* die Überlegung, Absicht
ābúngü unterrichten	*åkabung* Unterricht
ŭs übrig	*lůsun* (sein) Rest
ălet wahr	*létal* Wahrheit
mŭig ablehnen	*lĭmuīg* = *målemuīg* Ablehnung
bolüu anfangen	*boletäl*, Anfang
mesäk zufrieden	*mémesäk* Zufriedenheit
tăl träumen	*tĕla* Traum
ōito ankommen	*ĭttol* Ankunft

līb das Grab — *líbuali* begraben — *líbualīb* das Begräbnis

mésäg } Angst, Angst *líu* } haben	*mesågetă* } ängstlich *líuetă* }
sōng Ärger, ärgerlich	*åsong* ärgern
rū̆ Schreck	*ārū̆'rü* schrecklich, jemand erschrecken
schallü glatt	*āschállü* glätten

Jemand	*nē* = *ĕschai nē*
Niemand	*esår* = *ese ekescháimo*
Jedermann	*găl eschai áramas*

Artikel.

Bestimmter Artikel: gibt es nicht.

Unbestimmter Artikel: das entsprechende Zahlwort für ein:

ĕschai áramas ein Mann
éfai Mark, eine Mark
éu īm ein Haus
éfåsch uăr ein Schiff.

Pronomen.

Personal.

wer? *īo*, *ītöi?*
was? *mēta?*

Nominativ:

ich *ngang* *i-* *ngang itumok* ich bin groß
du *en* *o-* *en oangang* du arbeitest
er *i* *e-*
nur wir *äm* *ei-* (der Angeredete ausgeschlossen)
wir alle *kisch* *si-* (der Angeredete eingeschlossen)
ihr *ämi* *au-* (ihr alle: *ālångämi*)
sie *īr* *re-* (sie alle: *alangīr*).

Akkusativ:

en ōuerēi du siehst mich
ngang īuerŭk ich sehe dich
īr réuerī sie sehen ihn
ämi auuerigămem ihr seht uns
äm eiuerigämi wir sehen euch
īr reuerikisch sie sehen uns
kisch siuerīr wir sehen sie

Dativ = Akkusativ:

en ongeni ēi du gibst mir
i éngenük er gibt dir
ngang ingenī ich gebe ihm
gämem, *kisch* uns, *gämi* euch, *īr* ihnen
winken jemand: *äleman: älemaniū* mir, *-ük* dir, *-ükisch*, *-ügemi*, *-ür*.

Possessiv.

1. Singular: *nēi ātumuan* mein Sohn; *nōm* — dein —; *naün* — sein —; *nḍämem* — unser —; *naüsch* — unser —; *nḍämi* — euer —; *naür* — ihr —.

Plural: *uénei ätumuan* meine Söhne; *uénom* —; *uenaün* —; *uendämem* —; *uenaüsch* —; *uendämi* —; *uenáür* —.

Ebenso: *schåbot* Frau, *ätaschåbot* Tochter, *såmol* Häuptling, *áramas* Mann, Arbeiter; *mān* Tier, *uāke* Rind, *golāg* Hund, *malük* Huhn.

2. *eëi schå* meine Verwandtschaft; *eōm* —; *eăn* —; *eămem* —; *easch* —; *eămi* —; *ear* —.

Plural: durch Vorsetzung von *uen* —: *uenear schå* ihre Verwandten.

Ebenso: *săr* Messer, *eëi săr* (aber auch: *sariē eëi* dieses mein Messer), *salápe* Geld, *eān salape* sein Geld (aber auch: *salapiē easch* dieses unser Geld; *salapeka easch* diese unsere Gelder).

buālesäfälito salape ue cëi ïue oprestäni me rēi.
Gib zurück, Gelder meine die du geliehen von mir.

3. *sam-ei* mein Vater, *sam-om* dein Vater, *sam-ān* sein Vater, *sam-āmem*, *-asch*, *-āmi*, *-ēr*.

Ebenso: *īn* Mutter, *īnelap* Großmutter, *īm* Haus, *schān* Wasser.

Bruder: *buī*, *buīm*, *buīn*, *buisch*, *buämem*, *buāmi*, *buir*.

Plural: *uénebuī* meine Brüder, *uénebuīm* deine Brüder.

Schiff: *uāi*, *uām*, *uān*, *uasch*, *uáemi*, *uār*.

Nase: *puotēi*, *-ūm*, *-ūn*, *-usch*, *-āmi*, *-ur*.

Mund: *auēi*, *-ōm*, *-ān*, *-asch*, *-āmi*, *-ēr*.

Mutterbrust: *tūt*: *tüi*, *tüūm*, *tūn*, *tüsch*, *tümi*, *tür*.

Arm: *pai*, *poum*, *paün*, *paüsch*, *páemi*, *paür*.

Hand: *gumuschi*, *-üm*, *-ün*, *-üsch*, *-emi*, *-ür*.

Hintern: *äpi*, *-im*, *-īn*.

Zahn: *ngī*, *ngīm*, *ngīn*.

Haut: *gili*, *gilim*, *gilĕmi*.

Nagel: *üki*, *-üm*, *-ün*.

Blut: *täi*, *tām*, *tān*.

Anmerkung: Körperteile stehen immer mit dem Pron. possess. zusammen.

4. *liĕpai īk* mein Fisch, *lïepom ïk* dein Fisch, *lïepan ïk*, *lïepasch*, *līepämi*, *līepar*.

Interrogativ.

wer? *īo*, *ītöi*?
was? *meta*?
wessen: *naün īo*, *eān īo*, *-an īo*.

Sing.: wem gehört dieses Haus: *imuan ī o minē*
„ „ „ Kind: *naün ī o ätiē*
„ „ „ Geld: *eān ī o salapiē.*
Plur.: wem gehören diese Häuser: *imuer īo īmekē*
„ „ „ Kinder: *naür īo ätekēi.*
mēta mēlal? was ist das?
méta mēla īgilal? was ist das dort?
īo melal = īo minen? wer ist das?
Plur.: *io milekelal?*
īo mela igilal? wer ist das dort?
Plur.: *io milekela igilal?*
muane meta melal? was für ein Mann ist das?
Plur.: *muan meta milekelal?*
muane meta Olŭpai? was für ein Mann ist der Olupai?
īm meta melal? was ist das für ein Haus?
īmefă imŏm? welches Haus ist dein Haus?
Plur.: *imekefa imom?*
ătefă năün ătumuan? welches Kind ist sein Sohn?
mäten īo mateēi? wessen Feld ist dieses Feld?

Demonstrativ.

muan iē = muanen dieser Mann (mir nahe).
Plur.: *muan ekán* diese Männer.
muan émū jener Mann (mir fern, dir nahe).
Plur.: *muan eku mūn*
muan elå (uns beiden fern).
Plur.: *muan ekanān* jener Mann.

Relativ.

īo áramas uē efasül ito naneu?
Plur.: *īo áramas kéue refasül ito naneu?*
Wer ist der Mann, der kam hierher gestern?
Wer sind die Männer, die kamen hierher gestern?
meta īten manäliel uē eno uan eås.
Plur.: *meta īter manäliel kēue reno uan eås.*
Was sein Name der Vogel, der ist auf dem Dach.
ngang ifåsül ueri eschai gato, iemungo fätin.

Ich sah eine Katze, sie fraß Gras.

Derselbe (indiv. derselbe) *tischak*.

iueri schak-gato-mul ich sah dieselbe Katze.

Derselbe (ähnlich, indiv. verschieden) *euĕueschak*.

eor ei sar eueueschak me åm.

Es gibt mein Messer gerade so wie deines.

Ich habe dasselbe Messer wie du.

Adjektiv.

túmok groß, *gitikĭt* klein, *túfai* alt.

Mehrzahl:

muan tumok der große Mann.

muan tŏtumok die großen Männer.

åtumuan gitikĭt der kleine Knabe.

ätumuan gĭkĭt die kleinen Knaben.

schåbot tufai die alte Frau.

" " die alten Frauen.

Einige Adjektive verändern sich in der Mehrzahl, andere, z. B. *tufai*, nicht; der Plural wird dann durch ein unbestimmtes Zahlwort oder am Verbum sichtbar.

ngang i tufai (*tumok, gitikīt*) ich bin alt (groß, klein).

en o tufai du bist alt.

i e tufai er, sie, es ist alt.

ämem ei tufai (*tumok, gitikit*) wir sind alt (groß, klein): du ausgeschlossen.

kĭsch situfai, si tŏtumok, si gĭkĭt wir sind alt (groß, klein) du inbegriffen.

åmi autufai (*autŏtumok, augĭkĭt*) ihr seid alt (groß, klein).

ĭr retufai (*retotumok, regĭkit*) sie sind alt (groß, klein).

schåbot e tufai die Frau ist alt.

schåbot retufai die Frauen sind alt.

Verneinung:

ėse tufai nicht alt.

ngang i sėtufai ich bin nicht alt.

en o sétumok du bist nicht groß.
i e ségitikīt er ist nicht klein.
ämem ei sétumok wir (exkl.) sind nicht groß.
kisch sisétumok = *sisetótumok* wir (inkl.) sind nicht groß.
ämi ausegíkit = *ausegitikīt* ihr seid nicht klein.
īr resétufai sie sind nicht alt.

Vergleich:

tumok groß.
tiuél tumok größer.
igíl tumok am größten.
iligíltumok sehr groß.
sēgíltumok nicht sehr groß.
tumókebŭt zu groß.
Gímara euēueschak tumokón me Saralú (gitikitin).
Gimara ist ebenso groß wie Saralu (klein).
Repagüloósch reuēueschak tótumokor (gikitir) me Remariáles.
Die Karoliner sind ebenso groß (klein) wie die Marianer.
samēi e tiuél tufai mman inéi.
Mein Vater ist älter als meine Mutter.
Áserang e igíltumok mmuer álanger.
Aserang ist am größten von allen.
gīt jung } nur bei Vergleichen.
lāp alt }

egite mmoi	= *egíte fäi*	er ist jünger als	ich.
„ *mmom*	= „ *fom*	„ „ „ „	du.
„ *mmăn*	= „ *făn*	„ „ „ „	er.
„ *mmomam*	= „ *famam*	„ „ „ „	wir (exkl.).
„ *mmasch*	= „ *fäsch*	„ „ „ „	wir (inkl.).
„ *mmämi*	= „ *fämi*	„ „ „ „	ihr
„ *mmuer*	= „ *făr*	„ „ „ „	sie

īllap mmom ich bin älter als du.
emínetiu tumokon weniger groß.
„ *tumokor* (plur.).
emínetiu touun weniger teuer.
„ *touur* (plur.).

Zahlwort.

	a allein-stehend	*b* Lebewesen	*c* Geld, Steine, Muscheln	*d* leblose Sachen	*e* Bäume, Kanus	*f* Glieder von Lebewesen
1	*öt*	*éschai*	*éfai*	*eu*	*ēfåsch*	*ēgat*
2	*rüu*	*rüschai*	*rüfai*	*ruo*	*rüfåsch*	z. B. *ēgat gait*, *ualegat gait* ein Finger, acht Finger
3	*ōl*	*ölüschai*	*ölüfai*	*ĭlū*	*ölüfåsch*	
4	*fän*	*fāman*	*fāfai*	*fau*	*fåfåsch*	
5	*līm*	*lĭman*	*lĭfai*	*límou*	*lifåsch*	
6	*ōn*	*onoman*	*ónufai*	*ónou*	*onufåsch*	
7	*fūs*	*füsuman*	*füsifai*	*físou*	*füsifåsch*	
8	*uāl*	*uāleman*	*ualefai*	*ualóu*	*ualefåsch*	*uālegat*
9	*tüu*	*tüúman*	*tüufai*	*tüuou*	*tüufåsch*	aber: *eu gumusch* 1 Hand *fau kü* 4 Nägel *rūo seleng* 2 Ohren
10	*seik*	*seik*	*ā'af*	*seik*	*seik*	
11	*seik me eu*	*seik me eschai*	*äaf me éfai*	*seik me eu*	*seik me efåsch*	
12	*s. m. ruo* vgl. *d*	*s. m. rüschai*	*äaf me rüfai*	*s. me ruo*	*s. me rüfåsch*	
18	*s. m. ualou*	*s. m. ualeman*	*äaf me uālefai*	*s. me ualou*	*s. me uale-fåsch*	
19	*s. m. tüuou*	*s. m. tüuman*	*äaf me tüufai*	*s. me tüuou*	*s. me tüufåsch*	
20	*ruäk*	wie *a*	*ruäf*	wie *a*	wie *a*	dagegen: *éfai failmas* 1 Auge (wie *c*) *éfåsch pei*, *peschei* 1 Arm, 1 Bein ebenso: *ualeual* Baum (wie *e*), *uār* Wurzel, *ĕrä rā* 1 Ast, *limaschō schön* 5 Blätter.
30	*ilīk*		*īliĕf*			
40	*fäik*		*fåef*			
50	*limēik*		*līmĕef*			
60	*onēik*		*ŏneef*			
70	*fisīk*		*fisief*			
80	*ualīk*		*uåleef*			
90	*tuāk*		*tū'uef*			
100	*äbukiu*		*äbukiu*			
163	*äbukiu me one-ik me ilu*	*äbukiu me oneik me ölüschai*	*äbukin me ŏneef me ölüfai*		*äbukin me oneik me ölüfåsch*	

100	*äbukiu*	1000	*sángeras*	10000	*sél*	100000
200	*rüábukiu*	2000	*rüángeras*	20000	*rúesel*	*äpingit*
300	*ilíbukiu*	3000	*ölḗngeras*	30000	*ölesel*	200000
400	*fåbukiu*	4000	*faángeras*	40000	*fåsél*	*ruäpingit*
500	*limabukiu*	5000	*limángeras*	50000	*lī́mesel*	usw.
600	*onábukiu*	6000	*onángeras*	60000	*ő́nusel*	
700	*fisǘbukiu*	7000	*füsangeras*	70000	*fǘsisel*	
800	*ualébukiu*	8000	*ualangeras*	80000	*uálesel*	
900	*tüábukiu*	9000	*tüuangeras*	90000	*tǘüsel*	

wieviel? *fitou, fítiman, fítifai, fítifåsch*
wenige: *äkäu, äkåschai, äkäfai, äkäfåsch.*
Entsprechend den obigen Rubriken je nach dem zugehörigen Substantiv.
wenig (alleinstehend) *ḗgüs*
viele, viel *ḗsou, etóulap* (unveränderlich)

½ *ḗsåb*	bei Längenmaßen und Längsteilung	½ *ḗpeig*	bei Geld und Querteilung
⅓ *ölüsåb*		⅓ *ölüpeig*	
¼ *fasåb*		¼ *fåpeig*	
⅕ *līmesåb*		⅕ *lī́mepeig*	

1 mal: *fal ēu = fänēu*
2 „ *fal ruo = fäneruo* mehrfach: *auasōn*
25 „ *fal ruäk me limóu*

Unbestimmte Zahlwörter.

viel *ésou = etóulap*, nicht viel *esḗsou = esetóulap*, sehr viel *igílesou = igiletoulap*, nicht sehr viel *ese igilesou = ese igiletóulap.*

zu viel *esóubut: esoubut ünemom:* du hast zu viel getrunken (wörtlich: zu viel dein Trinken).

mehr *tiuénesou: ētiuensou eēi salape mmom* es ist mehr mein Geld als deines (ich habe mehr Geld als du). *Rapaito etiuénsou ean salape mmuan Mangarero* Rapaito hat mehr Geld als Mangarero.

am meisten *igil esou* = sehr viel.

wenig (alleinstehend) *ḗgüs,* nicht wenig *ese egüseschak,* sehr wenig *igil egǘseschak,* nicht sehr wenig *ese igil egüseschak,* zu wenig *äläḡüs.*

wenig (in Verb. mit Subst.) *äkäu* usw. s. o.
weniger *tiuénegüs* = *älå'güs*.
am wenigsten *igil älå'güs*.
nur *ălă* = *-schăk*: nur 3 M.: *lifaischak* Mark = *ålä lifai* Mark. nur 2 Männer *rüuschåischak muan*, nur ich *ngangeschak*, nur einer *äläschai*, nur 2 *äläriŭschai*, nur wir 2 *älä-kischeschak meriŭschai*.
alles *ålangan* (mit und ohne Subst.), *alangēr åramas* alle Menschen (Jedermann).
nichts *eså'r; esår åramas* Niemand.
etwas, einiges, ein wenig: *ekå'güs*: *ekågüs aramas* einige Leute.
das Übrige *lĭgit; ligit en åramas* die übrigen Leute.
nicht ein einziges *esägegüsmo*.
nicht ein Weniges „

Hilfszeitwort

sein.

Präsens:

ngang i tufai ich bin alt (*tumok* groß)
en o tufai du bist alt (*tumok* groß)
ī ē tufai er ist alt (*tumok* groß)
ă'mem ei tufai (*tumok*) wir sind alt (groß), der Angeredete ausgeschlossen.
kĭsch si tufai (*tőtumok*) wir sind alt (groß), der Angeredete eingeschlossen.
ămi au tufai (*totumok*) ihr seid alt (groß)
īr re tufai (*totumok*) sie sind alt (groß).

Imperfekt:

ngang i fasül gitikit ich war klein usw.
en o fasül gitikit — *kisch sifasül gĭkit*
i e fasül gitikit — *ămi au fasül gĭkit*
ämem ei fasül gitikit — *īr re fasül gĭkit.*

Futurum:

ngang ī buĕ tumok ich werde groß sein usw.
en ōbuĕ tumok — *kĭsch sībue tōtumok*

ī ēbuĕ tumok *ämi aubue tōtumok*
åmem ēibuĕ tumok *īr rēbue tōtumok.*

Verneinung:

en o sétufai du bist nicht alt
ämi auséfasül gĭkit ihr wart nicht klein
ngang īsåbue tumok ich werde nicht groß sein
en o såbue tumok *kisch si såbue totumok*
i e såbue tumok *ämi au såbue totumok*
ämem ei såbue tumok *īr re såbue totumok.*

sein i. S. v. bleiben, sich befinden.

nō (die Pronomina *ngang, en* usw. werden jetzt der Kürze halber fortgelassen, wie sie auch bei der Rede tatsächlich wegbleiben können).

Präsens:

īnō lä īm ich bin zu Hause
ino — ono — eno — aino — sino — auno — reno
iseno lä īm ich bin nicht zu Hause
iseno — oseno — eseno — aiseno — sisano — ausano — resano.

Imperfekt:

ifasüno lä im ich war zu Hause
ifasüno — ofasüno — efasüno — aifasüno — sifasüno — aufasüno — refasüno
isäfåsüno lä im ich war nicht zu Hause
isäfåsüno — osäfåsüno — esäfåsüno — aisäfåsüno — sisäfåsuno — ausäfåsüno — resäfåsüno.

Futurum:

ībueno lä im ich werde zu Haus sein
ibueno — ŏbueno — ĕbueno — ăibueno — sibueno — aubueno — rebueno
isåbueno lä im ich werde nicht zu Hause sein
isåbueno — osåbueno — esåbueno — aisåbueno — sisåbueno — ausåbueno — resåbueno.

haben i. S. v. besitzen

wird wie folgt umschrieben:

Präsens:

eor = es gibt; *esor* (*esår*) es gibt nicht
eor puot-i es gibt Nase mein: ich habe eine Nase
eor ruo seleng-ōm: du hast zwei Ohren
Remariales esor uār die Marianer haben keine Kanu
muan eor eān sār der Mann hat ein Messer
eor nei golåg ich habe einen Hund
esor naemem golåg wir haben keinen Hund
eor eämi salape? habt ihr Geld?
esor easch salape wir haben kein Geld
eor ei salape ren er hat mein Geld: mein Geld bei ihm
eor ean salape rem du hast sein Geld: sein Geld bei dir
eor eåm salape rei ich habe dein Geld
eor eåmi salape råmem wir haben euer Geld
eor eämem salape rämi ihr habt unser Geld
eor ear salape rär sie haben ihr Geld
eor mātei rem du hast meinen Acker
eor eåm sār rei ich habe dein Messer
esor eåm sār rei ich habe dein Messer nicht
eor naün golåg rem du hast seinen Hund
eor uai ren er hat mein Kanu
eor uar rär sie haben ihre Kanus
eor ei salape ren pui mein Bruder hat mein Geld
eor ean pui salape rei ich habe das Geld meines Bruders
eor ean Capileo salape ren Selipeo Selipeo hat das Geld des Capileo

eor matan Gimara rär Re Oleai die Oleaileute haben den Acker des Gimara.

Imperfekt:

ĕfasül eor eĕi salape } ich hatte Geld
= eor eĕi salape īgue }
eor eåm salape īgue du hattest Geld
eor easch salape īgue wir hatten Geld

ésefasül eor eéi salape ich hatte kein Geld
ésefasül eor eåm salape
usw.
éfasül eor eei salape ren er hatte mein Geld
ésefasül eor eämi salape resch wir hatten euer Geld nicht.

Futurum:

ēbue eor eei salape ich werde Geld haben
ēbue eor eåm salape du wirst Geld haben
ēbue eor eämi salape ihr werdet Geld haben
esåb eor eei salape ich werde kein Geld haben
ebue eor uåemi rer sie werden eure Kanus haben
esåb eor éämem salape rēmi ihr werdet unser Geld nicht haben.

es gibt

eor; esor es gibt nicht

eor sīlo lein ualeual es gibt Schweine im Wald
esor schō schü nü es sind keine Nüsse auf den Palmen
efasül eor es gab
esefasül eor es gab nicht

mēli räkiē ebue sou schō ich glaube dieses Jahr es wird viel Kokos geben

mēli sāb ich glaube nicht

älet rei ich habe recht, *älet rem* du —, *älet ren* er —, *älet rer* sie haben recht, *esälet rem* du hast unrecht

eor måschi ich habe meine Arbeit, d. h. ich habe jetzt keine Zeit, *eor måschom* du —, *-un* er —, *-ämem* wir —, *-ūsch* wir — *-ur* sie —

esor måschi ich habe jetzt keine Arbeit, d. h. jetzt habe ich Zeit

i åpetjai, o apetjai, e apetjai usw. ich habe Hunger (= ich hungere, regelm. Verb) (v. engl. appetite)

i amår, o amår usw. ich dürste (regelm.)
en osåpetjai du hast keinen Hunger
īr resamår sie haben keinen Durst.

wollen

můschen; nicht wollen *ése muschen*

Präs.: *i-o-e-můschen* usw. *isämuschen* usw.

Impf.:	*ifasül muschen*	*isäfasül muschen*
Fut.:	*ibue muschen*	*isåbue muschen*
Imper.:	*muschénemo!*	*osämuschénemo!* wolle nicht!
		ausämuschénemo! wollet nicht!

können

muĕn; nicht können *ésemuen*

Präs.:	*imuen* usw.	*isämuen* usw.
Impf.:	*ifasül muen* usw.	*isäfasül muen* usw.
Fut.:	*ībue muen* usw.	*iså'bue muen* usw.

dürfen

wird durch *muen,* können, ausgedrückt:

ōmuen obuéla Tanápag ígina: du darfst (kannst) heute nach Tanápag gehen.

nicht dürfen: *esemuen.*

müssen

wird durch das Futurum *bue* ausgedrückt:

óbue angang igina: du mußt (wirst) heute arbeiten.

nicht müssen: — *såbue.*

sollen (s. müssen)

áfäli íga opüngetiu = áfäli óto püngetiu gib acht, daß du nicht fällst.

nicht sollen

óto du sollst nicht
ätä er soll nicht
sitä wir sollen nicht
auto ihr sollt nicht
retä sie sollen nicht.

óto píraf du sollst nicht stehlen.

mögen (gern haben, gern essen)

äfischi; nicht mögen *esåfischi;* hassen, verabscheuen *å'buta*

i äfischi mungo iē ich esse das gern, ich mag das essen

ämi auseäfischi angang ihr arbeitet nicht gern, ihr mögt nicht arbeiten

ī eåbuta sóukepas er haßt das Schwatzen.

Verbum.

Aktiv.

Infinitiv: *uëri* sehen; *róngerong* hören.

Präsens: *ngang iueri* ich sehe, *en oueri* du —, *iēueri* er, sie, es —, *ắm* (= *ämem*) *aiueri* wir — (du ausgeschlossen), *kĭsch siueri* wir — (du einbegriffen), *ắmi auueri* ihr —, *īr reueri* sie —.

Imperfekt: Partikel *fasül: ngang īfasül ueri* ich sah; *kisch sifasül ueri* wir sahen.

Futur: Partikel *bue: ngang ībue ueri* ich werde sehen; *ämi aubue ueri* ihr werdet sehen.

ngang ifasül åkünö muan, i ēbue lå Laulau.
befehlen soll = wird gehen nach L.

en ōbue föri mine du wirst das tun.

Die fernere Zukunft wird durch die Partikel *bāb* ausgedrückt: *i bāb ueri* einst werde ich sehen.

Die nähere Zukunft durch die Partikel *bue lä: ōbue lä föri* du wirst das sogleich machen.

Imperativ: *uerimo* sieh! = *uerilå auuerimo* sehet!

Prohibitiv: *eseuerímo* sieh nicht! *auseuerīmo* sehet nicht! *óto ueri* du sollst nicht sehen! *auto ueri* ihr sollt nicht sehen! *rongerongmo* höre! *töngū'mo* rieche! *ümo* = *ülå* stelle dich hin! *ünemo* = *ünemīlå* trinke! *gomuen ūnemo* trinke du zuerst! *augomuen ünemo* trinket ihr zuerst!

Passiv

gibt es nicht, wird wie folgt umschrieben:

äppäti strafen.

Präs.: ich werde gestraft *rē äppätiëi* = sie strafen mich.

Impf.: ich wurde gestraft *rëfasül äppätiëi* = sie straften mich

Fut.: ich werde gestraft werden *rëbue äppätiēi* = sie werden mich strafen.

du — *rēbue äppätük*
er — *rēbue äppätī*
wir (exkl.) — *rēbue äppätikemem*

wir (inkl.) — *rēbue äppätikisch*
ihr — *rēbue äppätikemi*
sie — *rēbue äppätīr.*

Die Dauer einer Handlung, Gewohnheit, Beruf wird am Verbum ausgedrückt: *i kamö'lå* ich verkaufe, *i kakamölå* ich verkaufe ständig (als Kaufmann), *kamö* kaufen, *kákamö* (als Einkäufer), *mungo* essen, *mumúngoschak* (Fressen), *misi* lügen, *misimis* lügnerisch, *åtubu* lügen, *åtůbutup* lügnerisch, *ūn sūwa* rauchen, *ükün sūwa* (als Gewohnheit), *i sāb ün suwa* ich rauche jetzt nicht, *i sä ükün suwa* ich bin Nichtraucher, *i sab mungo digitol* ich esse jetzt keinen Aal, *i sämómungo digitol* ich esse niemals Aal.

---

i e åtub-uk er belügt dich (inf. *åtubu*)
i e mis-ūk „ „ „ („ *misi*)
ngang i sereg-ūku-tä ich hebe dich auf (inf. *seregi-tä*)
en o sereg-iēi-tä du hebst mich auf

inf. *atab* begleiten	*sōnga* beschimpfen
en o atabuéi du — mich	*songētiei* mich
i e atabuk er — dich	*songētuk* dich
ngang i atabuī ich — ihn	*songētī* ihn
ämi auatabuekemem ihr — uns	*songetékemem* uns
äm aiatabuekemi wir — euch	*songetékemi* euch
īr reatabuēkisch sie — uns	*songétekisch* uns
kisch siatabuēr wir — sie	*songetīr* sie

beischlafen; *fä,* — dich: *fög,* — sie: *fäī*
ehrerbietig grüßen: *åporo,* mich: *uoi,* dich: *uom,* ihn: *uān,* uns: *uāmem, uasch,* euch: *uāmi,* sie: *uår*
fortlassen *afeilålå; ngang i säafeilägelå* ich lasse dich nicht fort
en o säafeiliéilå du lässest mich nicht fort

Reflexiv.

asösö ausruhen
Präs.: *iasösö* (also nicht refl.) = *iasö'oei* — mich —
o — = *oasök* — dich —

Präs.	*e* —	= *easöu*	— sich —
	ai —	= *aiasökemem*	— uns —
	si —	= *siásökisch*	— uns —
	au —	= *auasökemi*	— euch —
	re —	= *reasör*	— sich —

Impf.: *ifasül asö'oei* usw.
Fut.: *ibue asöoei* usw.
Imper.: *asö'sömo* = *asö'kemo* (dich)
auasö'sömo = *auasö'kemimo* (euch)
Prohib.: *oto asösö* = *oto asö'k*
auto asösö = *auto asö'kemi.*

īr sich geschlechtl. beflecken, stets reflexiv: *ä'mi auirīkemi, īr reirīr, en oiruk, auto īrīkemi*

nnī, nnīlå töten

ngang i nnieilå = *ngángeschak ipukiu nnieīlå* ich töte mich selbst.

åbulas betrinken (v. span. borracho cham bulatcho)

iabulas iuëi ich — mich
o — *uk* du — du
e — *ī* er — sich

fangan = *fengen* zusammen

kisch siasösö fangan wir ruhen zusammen aus

kisch siasö-fangan-ikisch wir ruhen uns zusammen aus

schū zusammenhalten

kisch sischu ren asösö (= *ren easch asösö* = *ren easch asökisch*) wir halten zusammen beim Ausruhen

äm aischu ren angang
= *äm aischuschuk ren angang*
= *äm aiangang fangan*
= *äm aiangang päg*
} wir arbeiten zusammen.

Besonderheiten und Ausnahmen: aus den Substantiven werden die Impersonalien gebildet:

óschou Regen	*éoschou* es regnet (= *epüngoschou* es fällt Regen)
ång Wind	*eångeäng* es windet
schårek Windstille	*eschå'rek* es ist windstill

mmăt Ebbe — *émmat* das Meer ebbt
bŭr Flut — *ébur* die Flut kommt ein
usw. — usw.

riechen, wittern (trans.) *tŏngü*
riechen (intr.) *bō* = *buō*; gut —: *buōngas*; schlecht —: *buōmasch* = *buōngau*
es riecht nach Ilang *ebobōn Ilang*
schmecken = versuchen = kosten *ắ'gilå*
gut schmecken *énnö* = *ellö*
schlecht schmecken *ẹngau*
wie schmeckt der Taro? *efáisül lélăl uōt?*
fühlen, empfinden *miă'fi* = *păi: päimo* (fühle, habe Mitleid) *ren* (mit) *mān ná* (dem Tier); *e miäfi metak* (es empfindet Schmerz) *ébual ŏg* (wie du)
fühlen (tr.) = tasten *gŏ'tăp*
hören *róngerong*
horchen *áüseling* } das Ohr: *séleng*
gehorchen *sélenga* }
essen, fressen *mungo, ángi*; *oschäi* = *oschosch* essen von rohem Fisch, Eier, Früchten, Fleisch
aufessen *angílă*
ich bin fertig mit Essen *i atakal mungo* = *i atakme mungo*
die Schwester, Base, Mutter darf diese Worte gegenüber ihrem erwachsenen Bruder, Vetter, Sohn nicht gebrauchen, muß vielmehr sagen:
o eäiä = *otă'tük* = *o ilă'tük mai, kanne* du ißt Brotfrucht, Fleisch

tätükmo = *ilätŭkmo* = *eäiämo* iß!
ilätimie = *tă'tomie* hier ist dein Essen
sitzen, sich setzen *mátiu*
hinsetzen (tr.) *amå'tiu: i amatiuēi ăt* ich setze das Kind hin
stehen *ŭ*; aufstehen vom Sitzen *ŭtă*; aufstehen vom Liegen: *schimută* (*shim* der Kopf)
liegen *uóllå* = sich hinlegen
hinlegen eine Sache *ålålå*
gehen *fäil, fáreg*
fortgehen *sŭlå* = *fäilå* = *llå*

tō = her: kommen: *ito*, *féito*, *färégeto*, *rígito*, *muéteto*
lă = fort: *muételă* fortgehen
tä = hinauf: *muétetä* hinaufgehen; *tötä* hinaufsteigen
tiū = hinab: *muétetiu* hinabgehen; *tötiu* hinabsteigen
long = hinein: *muételong* hineingehen; *tōlong* hereinkommen
uŏu = heraus: *muéteuou* hinausgehen; *tōuōu* herauskommen
kai = schnell: *muete káito* komme schnell her
muetekáilă gehe schnell fort
empfangen, nehmen: *buégi*
buébog mitnehmen
buegīto bringen
llåbuegi holen (gehen und bringen)
buegilă, *buegisengi* wegnehmen
buegīlong einführen
buegiuou ausführen

sagen *ūră*; ich — *iū'ră*; du — *óira*; er — *ōiră*; wir — *äüra* u. *sūra*; ihr — *auüra*; sie — *reüra*

denken *mengi*, *mémengi*; ich denke (meine, glaube) *mĕli*; *mĕli räkiéi ebue sou schō* ich glaube es wird dieses Jahr viel Kokos geben; *mĕli sāb* ich glaube nicht

glauben (religiös und profan) *lūgüu*, *lūgülüg*; *i ese lūgülug* er glaubt nicht

lachen *gékei* = *fäs*; die Schwester, Base, Mutter sagt zum erwachsenen Bruder, Vetter, Sohn: *o ririäk* du lachst; dieser aber zur Schwester, Base, Mutter: *o gĕkei* du lachst

kaufen *amōu* = *kåmö*
verkaufen *amō'ulă* = *kamō'lă*
kosten (zu umschreiben durch: sein Preis ist):

fitifai	*mō n*	*rauē*	wieviel sein Preis dieser Topf?	
„	*mō r*		(plur.)	
īmuen	*ābukiu*	*mark*	*mö n* oder *tauu n*	
dieses Haus	100	M.	sein Preis	
			mö r oder *tauu r*	
diese Häuser	—	—	ihre Preise	

erben *buegi ligitátiu* (= nehmen das Erbe)

näün	*ebuegi*	*ligitåtui*	*ue*	*eān*
sein	er holt	Erbe	für	sich

er hat seine Erbschaft übernommen
nēi ibuegi ligitatiu ue ēi ich —
= *nei ibuegi minéka i ligitåtiu*
schielen: *å'lif mas-ei*: ich schiele
Gesicht mein
— — *ōm*: du —
dein
hinken: *mä eu pisch en*: er hinkt auf einem Bein
tot ein Bein sein

Adverb

der Art und Weise:

wie? *eifaisül?*
eifaisül fåneu? wie ist die Erde?
eifaisül tumokon faneu? wie groß ist die Erde?
Größe sein
fitou räkin muan? wie alt ist der Mann?
wieviel Jahre sein
eifaisül tauan igéi me Tanapag? wie weit ist es von hier nach T.?
eifaisül tauan = *īfa tauan* wie weit
Entfernung sein
wie (vergleichend)
euéueschak tumokoi me en ich bin ebensogroß wie du
Größe mein
euéueschak tauan S me N es ist ebensoweit nach S wie nach N
buale uéueschak in gleicher Weise
i äppätük buale ueueschak me ī = *i äppätük ēbuale uē ī*
ich strafe dich ebenso wie ihn
ēbuale uē ēi gleichwie mich
— *uög* „ dich
— *uē ī* „ ihn
— *uēkemem* gleichwie uns (exkl.)
— *uēkisch* „ „ (inkl.)
— *uēkemi* „ euch
— *uēr* „ sie

als (vergleichend) *mm*

ngang i tuéntumok mmóm ich bin größer als du

etuéntau A. mmān T. es ist weiter nach A. als nach T.

siloē emínetiu touun mmuan silomū dieses Schwein etwas weniger sein Gewicht als jenes Schwein

siloē etuen sou touun mmuan silomū — mehr sein Gewicht als —

— *euéueschak touun me* — — ebenso sein Gewicht wie —.

Das Adverb ist im allgemeinen gleich dem Adjektiv, wird aber meist mit dem Verbum verschmolzen:

ngau schlecht, *buō* riechen, *buóngau* schlecht riechen, *buongas* gut riechen

kai schnell, *muai* langsam, *muēt* gehen: *muétekai*, *muétemuai*

állögü fest: *göli állögü* festbinden.

Eine große Zahl von Adjektiven bilden die entsprechende Verbalform durch Verbindung mit *a-* oder *ä-* (machen)

kurz *mosch*: kürzen *amoschálă* (das Suffix *-lă* entspricht etwa unserem weg-, ab-, aus-, ver-, z. B.):

angi essen,

amöu kaufen, *amöulă* verkaufen

angílă alles aufessen, *nnī* schlachten, *nnílă* abschlachten

păl billig, *äppálă* verbilligen

ă'let wahr, *ă'létă* aussagen, bezeugen

schăl glatt, *aschallü* glätten

sou viel, *asóulă* vermehren

gíkit klein, *ägikitílă* verkleinern

meséig froh, *ämeséiga* erheitern

mésäg Angst, *ámesäg* bedrohen

gékai lachen, *ägékai* scherzen

kĭf hungrig, *kifelă* verhungern

mår durstig, *mänemår* verdursten sterben vor Durst

petjai hungrig, *mänepetjai* verhungern

uē wie, *auéiuei* vergleichen

tumok groß, *atumokálă* vergrößern

ātak = *åmăl* fertig, *atakālă* = *āmålālă* beenden

menau leben
bual wieder } *bualemenautä* wiederaufleben
-tä auf

Reine Adverbialsuffixe, die keine selbständigen Adjektive sind, sind folgende:

-tō her-: *muételo* herkommen
-lă fort-: *muételă* fortgehen
-tä hinauf: *muétetä* hinaufgehen
-tiū hinab: *muetetiū* hinabgehen
-long hinein, *muetelong* hineingehen
-uōu heraus, *mueteuōu* herausgehen.

Sonstige:

eō plötzlich
selengēia vergebens
älet gewiß
eä gut (bene)
iä ja, *iä ēuer* ja gewiß
säb nein, *säb esēilă* nein gewiß nicht
mēli vielleicht

was fehlt dir? *semai meta?*
esemai tafom?

du wartest ein wenig *ouéti fái egüs.*

des Orts:

wo? *īfa* — *uē*
īa — *uē*

īfa ī Caipat uē? wo ist der Caipat?
er

īfa īr áramas kéuē? wo sind die Leute?
sie

īfa sar kéue? wo sind die Messer?

hier *igéi* = *igä*

dort (mir fern, dir nahe) *īgimū*

dort (uns beiden fern) *īgilăl, īlal, inan*

wohin? *buĕläĭa* (*buĕ* ist Futurumpartikel, besagt also, daß das Ziel noch nicht erreicht ist)

ebuela īa uā? wohin geht das Schiff?
uā ebuēla Jap das Schiff geht nach Jap
ua ebueserāk láefang das Schiff geht nach Norden
dorthin *la igimu, la igilal*
hierher *igal*
komme hierher *féito igei = féito igal*
ī a ĭgá oisålă parangei: wohin hast du meinen Hut gelegt?
(hier handelt es sich nicht um die Richtung, also nicht *bue*)
woher? *ĭto mēia*
oito mēia? woher kommst du?
eito mēia uā? woher kommt das Schiff?
uā eito me Guam das Schiff kommt von Guam
„ „ „ *éfang* „ „ „ „ Norden
en aramas en īa? woher stammest du?
du Mensch von wo
dorther *meigimul, meigilal*
oschou eito meigilal der Regen kommt von dorther.

Wie aus der Zeichnung ersichtlich, teilen die Karoliner die Windrose ein in 4 Hauptrichtungen N, S, O, W und jeden Quadranten wieder durch 2 Nebenrichtungen, im ganzen also in 12 von 30 zu 30°.

peigi die Seite
peigi muan rechts (die Seite des Mannes)
lá peigi muan rechts um!

peigi schåbot links (die Seite des Weibes)

lá peigi schåbot links um!

la ŏr nach Süden, *me ör* von Süden

la éfang nach Norden, *me éfang* von Norden

peigiĕi = *peigi me igēi* diesseits, *peigin saschük* diesseit des Flusses

peigina = *peigi me gilál* jenseits, *peigin saschük mé gilal* jenseits des Flusses

córmo irgendwo

eså'remo nirgends

árol daneben, *áron im* neben dem Haus

aroi neben (bei) mir
arom „ „ dir
arosch „ „ uns
aroemi „ „ euch
arōr „ „ ihnen

räl = *rän* bei, *rän im* bei dem Haus

ärapángeli nahe bei

Tinian ärapángeli Saipan
Tinian liegt nahe bei Saipan

lŭgulapal mitten in

lăpetal zwischen

ngätäli durch (durchbohren)

båla engätäli pāp: die Kugel durchbohrt das Brett

uăn álangan überall

uénengeren = *uéneken* um — herum

alleinstehend	wo?	wohin?	woher?
unten *fāl* er ist unten *éno fal* (*fan*)	unter dem Haus *fan īm*; *fän im* unter dem Boden *fänepo*	hinunter *tiū* = *tiūfan* *tōtiu* steige hinunter	herunter *fan* *ito fan* komme herunter

alleinstehend	wo?	wohin?	woher?
oben *uēlang* sie sind oben *réno uēlang*	auf *uål, uan, uē* auf dem Haus *uån im* auf dem Berg *uaneschuk = uē-schuk* über *uēlangil* der Himmel ist über der Erde *läng éno uē-langil fáneu*	hinauf *-tä* steige hinauf *tő'tä*	herauf *uēlang* komme herauf *tötä uēlang = īto uēlang*
vorn *muål* derUnteroffizier ist vorn *kåbu éno mual = kå-bu egúm*	vor *mual = uéne-muan* der Weg ist vor dem Haus *āl éno muan (uene-muan) īm*	nach vorn *muál, gum* gehe nach vorn *ólă mual = ólă gŭm*	
hinten *mŭīr* das Steuer ist hinten *fátüle-būbu éno muīr*	hinter *mŭrin* die Küche ist hinter dem Haus *målum éno múrin im* hinter mir usw. *murī, murim, murin, muri-mem, murisch, murīr*	nach hinten komme nach hinten *ito muīr, ōlă muīr*	
drinnen *låll* er ist drinnen *éno låll*	in *lå, lä, lö* im Haus *lä im* imBett *lån tipuas* in der Erde *lö-puöl*	hinein *låll = long* steige in das Fenster *tötä låll ásammoscho* gehe hinein *ōla tōlong*	herein komme herein *tōlong*

alleinstehend	wo?	wohin?	woher?
draußen *legül* = *lügen* bleib draußen *nōlegül!*	außerhalb (= getrennt von) *lemúisengi* die Küche ist — des Hauses *målum e lemuisengi im*	hinaus *légül* gehe hinaus *tōlegül*	heraus *uóu* komme heraus *touóu*

der Zeit

wann? *inå't* = *ilå't?*
wann wird er kommen? *inåt ebuito?*
wann ist er gekommen? *inät efasül ito?*
seit wann? *eå inå'ta?*
seit wann bist du krank? *ea inäta eåm semai?*
wie lange? (*ā*) *fitirän* (es macht) wieviel Tage?
fitourāk? wieviel Jahre?
fitoumaram? wieviel Monate?
ēbue fitirän ean uā nō igēi? wieviel Tage wird das Schiff
Fut. sein Bleiben [hier bleiben?
fitóu maram obue nō igēi = *ēbue fitóu maram eåm nō igei?*
wieviel Monate wirst du hier bleiben?
wieviel Uhr ist es? *ōra méta?*
jetzt *igina*
sofort *iginåschak*
bald *ésab*, *esabungmoi*
lange Zeit *eā bungi*
es wird lange dauern bis er fertig ist *ēbue bungi mine åtak*
wie oft? *fäne fitóu?*
oft *ésou* = *fänesóu*
warst du oft in Tinian? *ésou eåm nō Tinian?*
einigemal } *fänakéu*
manchmal }

noch einmal *buále fän ēu*
mache es noch einmal *bual förifän eu*
selten (= nicht oft) *ésesou*
niemals *esåremo*
immer *schăk*
täglich *ränin me ränin* = *álangan rän*
jährlich *räke me räk* = *áiangan räk*
allmählich *égüs me égüs*
schon -*ā*- (infix.) *i eāno igéi* ist er schon hier?
schon lange *āmol éschak me lam*
āmol éschak me īgue es ist schon lange fertig
ofĕtåg en ilă ōt? hast du schon Taro gepflanzt?
noch nicht *esen — mo*
wer hat noch nicht geschossen? *īo eséne päke mo?*
mein Vater ist noch nicht alt *samēi esen tufai mo*
er ist noch nicht hier *i esen nō mo igēi*
noch nicht! *óto gupál* / *auto gupál* } immer mit dem Prohibitiv
oto gupal päk! schieße noch nicht!
sobald als *īgă*
nachher *ngere átak* (wörtl.: wenn das fertig ist)
ngere i átak / *ngere o átak* } wenn ich (du) fertig
vorher *īgue*
vorher werden wir essen *īgue sebue mungo*
zuerst *gŭm*
dann, nachher, später *muir*, *bábual*, *buábal*
zuerst gehen wir nach M. *sēbue gum lă M.*
und dann nach T. *muir nge T.*
ich komme später *i bábual īto*
spät *gŭmuir*
es ist schon spät *eă gumuir*
sehr spät *igil gumuir*
noch *eschuen*
ich habe noch Geld *éschuen eor ei salape*
das Haus ist noch gut *īm eschuen gad*
es ist noch weit nach L. *eschuen etau L.*

i nō igēi ich bin hier | *i ā nō igeī* ich bin schon hier
re nō igei sie sind hier | *au ā no igei* ihr seid schon hier

i āno schak igei me lām = *ngang i ābungi igei* ich bin schon lange hier

i ésenō igei er ist nicht hier

i esenomo igei er ist noch nicht hier

au ābual nō igei ihr seid wieder hier

ésou eåm no igei du bist oft hier

ésesou ei no igei ich bin selten hier

esåremo eār no igei sie sind niemals hier

fän akäu easch nō igei wir sind einigemale hier

alangan rän eåmi no igei ihr seid täglich hier

i nonōschak igei ich bin immer hier

in diesem Jahr *räkiēi*; — Monat *maramíēï*

im vorigen Jahr *räkuelă*; — Monat *maramuélă*

im nächsten Jahr *räkiéto*; — Monat *maramiēto*

vor 3 Monaten *muål ilůmaram*

nach 3 Monaten *mårin ilůmaram*

bei Tag *lä rän*; bei Nacht *lä bong*

obue angang lä rän sāb lä bong du mußt arbeiten bei Tag, nicht bei Nacht

es ist schon Tag *ā rän*

heute *rän éi*

gestern *nāneu*

vorgestern *sepelån nāneu*

morgen *läü*

übermorgen *sepelån läü*

morgens in der Frühe *låsor*

„ „ „ „ etwa um 8 Uhr *låsor ålauas*

„ „ „ „ bei Sonnenaufgang *läsor*

„ „ „ „ kurz vor Sonnenaufgang *läsor maugu*

kurz vor Dämmerung 4—6 *uénemoi rän*

mittags *lä álauas*

nachmittags um 2 *läpăl*, 5—7 *läfäf*

abends gegen 8 *läfäf rosch*, gegen 10 *läfäf māu*

nachts *låbong*

mitternachts *lúgĕnĕbong*

heute Nacht *läbongī*
gestern Nacht *bongenåneu*
morgen Nacht *bongen låü*
morgen früh *laü läsor*

Präposition.

mit *tåbuei; ōbue tabuei-ei?* gehst du mit mir?
bei *ren; éno salape rem?* hast du Geld bei dir?
esår salape remem wir haben kein Geld bei uns
inōnōschak rem ich bleibe immer bei dir

von *me; ngang iito me T.* ich komme von T.
von — weg *me ren; ligitålå gumurom me ren anget* tue deine Hand vom Feuer weg.

Als Dativ oder Abl. Partikel:
i e prästeni salape me rei er leiht mir Geld
me rem dir; *me ren* ihm; *me resch* uns; *me remem* uns; *me remi* euch; *me rēr* ihnen
von = aus *me ren* = *milal: malük eito me ren så'gul* das Huhn kommt aus dem Ei = *milal*
läläē eito me ren oro dieser Ring ist von Gold
= *milal*

für wen = wessen *ean īo*; *ean īo salapiē?* für wen ist dieses Geld? *salapiē eåm* dieses Geld ist für dich (*eåm salapiē* dein Geld)
durch *ren; ren angang ōbue māmau* durch arbeiten wirst du stark

bis (zeitl.) *mĭne; mine ean mä* bis zu seinem Tod
uéti mine ei ito warte bis ich komme
(lokal) *ren; sibuela ren schuk* wir gehen bis an den Berg

ohne *esår*
gegen (contra) *påle uålü*
= zu (versus) *ngeli* = *ngeni*

zusammen *fangan, fengen, päg, schu*
(Beispiele siehe unter Verbum S. 27)

auseinander *sengi; muetesengi* auseinandergehen
= weg *sengi; buegisengi* wegnehmen

Konjunktion.

und, zur Wortverbindung *me: en me ngang* du und ich

zur Satzverbindung *nge: eföri anget nge eamōta malük* er macht Feuer und kocht das Huhn

auch *bål; bual; ebål eor eu iman* er hat auch ein Haus

Vicente ebbual tabuei kisch to Vicente wird auch mit uns kommen (enthält das Futurum)

nur — *schak* (siehe unter Zahlwort S. 20) *älä*

mehr *tiuénesou*

je mehr — desto mehr *sou* — *bualesou*

soun angang, bualesoun salape je mehr seine Arbeit, desto mehr sein Geld

oder *ngere: en ngere ngang* du oder ich

omuren salape ngere omuren sīlo? willst du Geld oder willst du ein Schwein?

entweder — oder: wird umschrieben durch: wenn nicht — dann, oder: wenn — dann nicht

ngere osäangang rebue äppätük wenn du nicht arbeitest, wird man dich strafen (sie werden dich strafen)

weder — noch (nicht einmal) *ese egegüsmö*

esor saman, ese egegüsmo än schå er hat keinen Vater, nicht einmal Verwandte

daß (zu umschr.) *esă'let cåm fasül angang* es ist nicht
nicht wahr dein haben gearbeitet
wahr, daß du gearbeitet hast

damit *bue: angenī bue ēbue föriē* sage ihm, daß er das machen soll

wenn *ngĕre, ĭgile: ngere opiraf rebue äppätük* wenn du stiehlst, wirst du gestraft

ngere (*ĭgile*) *ese püng orou låü ībue la T.* wenn es morgen nicht regnet, gehe ich nach T.

aber *nge; īmuren ün nge esor schan* ich will trinken, aber (= und) ich habe kein Wasser

īm e muamai nge egitikĭtbut das Haus ist gut, aber zu klein

denn, weil *bue, buĭlē; ngang ī säb ngaluk salape builē ōsäangang* ich gebe dir kein Geld, denn du hast nicht gearbeitet *ät esĕmăi buĭlē eselå ren doktor* das Kind ist krank, weil es nicht zum Arzt geht

warum? *mĕta, buĕmĕta, mĕta-ren*

meta osélå ren doktor ren? warum gehst du nicht zum Arzt?

meta ät ēsemăi ren? warum ist das Kind krank?

alleinstehend warum?: *bŏbuat, bŏbuta, buefŏüta,*

darum, deshalb, weil: *īnamine, inamine — ren inaménemo, ămungo 'aun, inamine ē sĕmăi ren* er hat gegessen Gift, darum ist er krank.

ob *ngere: ăiegi ngere atak* frage ihn, ob er fertig ist

während, als *igă. Rä Schuk refasül igito, igă inō Fănope* die Schukleute kamen hierher, während ich in Ponape war

dann *ilá nge; osăföri minen?* du hast das nicht gemacht?

ilánge ībue ăppätük dann werde ich dich strafen

trotz *buile; buĭle ei ákünö osăföri* trotz meines Befehls hast du es nicht gemacht

damit *bue, buile; fåtemo mais bue ebue eor ănåm* pflanze Mais, damit du zu essen hast = *fåt mais buile ebue eor mungo*

damit nicht *buile oto* (*buile ätä, sitä, retä, auto*); *fät mais buile sĭtä petjai* pflanze Mais, damit wir nicht hungern

Interjektion.

Achtung! *ăfäli!*

au! *ĭk!*

auf! *sĕregi!*

Donnerwetter! *kanga fă'ines; mesăn inēr* (nicht anständig; gewöhnlich *caramba!*)

einverstanden! *ītipalī!*

fertig! *ătak!*

Feuer! *épul!*

fort! *sü! sülå! muet!*

genug! *iuĕ! émuen!*

gewiß! *ă'let!*

gut! *eā!*

lasse los! *ligitălå! amaleălå!*

marsch! *fareg! fĕil!*

na! nanu! *ŭ'uă!*

nein! *sāb!*

nicht! *ese!*

nichts! *eså'r!*

noch einmal! *buale fänĕu!*

pfui! *īlŏu! lŏu!*

pst! *ĕisīs!*

raus! *touŏu!*

bleib draußen! *nōlŭ'gün!*

Ruhe! *alŭ'güla!*

rührt euch! *măgüt!*

guten Tag! *rânemai!*
guten Abend! *bóngemai!*
halt! *ûlå!*
halte den Mund! *alügüla! lâ'uom!*
halt fest! *åmuschü nögiu!*
haut ihn! *lauti!*
heda! *ěi!*
herein! *tőlong!*
ja! *iā, ā!*
Land! *ånă fåneu*
langsam! *muetemuai!*
lebe wohl! *olěla bue en ibulălå!*

schade! *eätjig! ätjigan! eför â'tjig!*
schadet nichts! *inåmo!*
schnell! *muětekai!*
schweige! still! *alûgülă!*
siehe da! *pǐpi!*
stillgestanden! *magûtegüt!*
was liegt mir daran! *ināmo! inåschak!*
wach auf! *måselă!*
weiter! *â'lel!*
zurück! *sefäl!*

Übungen.

Familie.

muan der Mann — *fäfen, schåbot* die Frau

ät das Kind

ätumuan der Junge

ätaschåbot das Mädchen

ei schå meine Familie

sam der Vater — *samēi* mein Vater

īn die Mutter — *inōm* deine Mutter

nei ätumuan mein Sohn

nom ätaschåbot deine Tochter

samalap Großvater — *uénei ätumuan* meine Söhne

īne lapei meine Großmutter

bui muan mein Bruder (mein Freund)

buisch muan unser Bruder

buämi schåbot eure Schwester

mongiēi mein Geschwister (Bruder oder Schwester)

schånim (*-uei, -om*) = *bupulü* (*-ei, -om*) (mein, dein) Gatte

schånim, búpulŭ heiraten

ämuar (*-ei*), *faül* (*ei*) Geliebte, Konkubine

såmol Häuptling

schå, re- Leute, *re-Poloat* die Poloatleute

schå angang Arbeiter

muan e túmok	der Mann ist groß
samei e tufai	mein Vater ist alt
īnelapasch e sĕmái	unsre Großmutter ist krank
ämuarōm ā bṓbo	dein Weib ist schon schwanger
„ *ese bṓbo*	dein Weib ist nicht schwanger
„ *esene bobómo*	dein Weib ist noch nicht schwanger
inēr ābual seräk	ihre Mutter ist wieder gesund
mongēi åmak	meine Schwester hat geboren

schåbot ĕrĕ muan?	Junge oder Mädchen?
inăt ébue kritiano?	wann wird es getauft?
esåbue kritiano	es wird nicht getauft
o schånim lan im en līos?	Bist du in der Kirche getraut?
o nō lan ēi fandanggo	du warst auf meiner Hochzeit
schånimom ë gite fåm?	Ist deine Frau jünger als du?
sāb, īgite fān	nein, ich bin jünger als sie
īllap mmom	ich bin älter als du
esor schanimuēi	ich habe keine Frau
ī ålüal lípisch	ich bin Junggeselle
schåbot ēbue ắpåro uăn mongcān	die Frau (Schwester) muß vor ihrem Bruder Verbeugung machen
schåbot ésab tōlong lan kién mongean	die Schwester darf nicht auf die Matte des Bruders treten
īn efålå ätaschåbot	die Mutter erzieht das Mädchen
sam cfålår ätumuan	der Vater erzieht die Jungen
mĕta itom? ío itom?	wie heißt du?
itéi Ascrang	ich heiße A.
meta itan samom?	wie heißt dein Vater?
meta minen?	was ist das?
meta itan minen (me rämi)?	wie heißt das (bei euch)?
fítou rägüm?	wie alt bist du?
seik me onou rägi	ich bin 16 Jahre alt
ngere si lå Saipan, ibue schånim (bupulŭ)	wenn wir nach S. gehen, werde ich heiraten
äten cuéueschak masān me samān	dieser Junge sieht seinem Vater ähnlich
i ắfischi schåbotiē	ich habe diese Frau gern
Re Pagüloosch me re Mariáles reắ'fischi paischő'i	die Karoliner und die Chamorro essen gern Flederhunde
ngang i fáiőg	ich liebe dich
i memengischak ämuaréi	ich denke immer an meine Braut

Dorf *pēi* und Haus *īm.*

āl	Straße
eschölap alēi	dieser Weg ist breit
pei en mánemä	Friedhof

ås	das (Blätter-) Dach
lügülüpal īm	die Hauswand
ásam	Tür
ásam moscho	Fenster (Diebestür)
atőtö	Treppe
fálang	Herd (Feuerstelle)
irän īm	Bauholz
ür	Hauspfosten
imepāp	Bretterhaus
tüfal	Nagel
keten īm	Bindfaden
īm uen līos	die Kirche
ŭt	das Tanz- und Kanuhaus
på	Fußboden
schånekel	Brunnen
melăg	der Hof
akáü īm	ein Haus bauen
fáü åson	das Dach decken (mit Flechtwerk)
īmefai	Steinhaus
umúnubuésch	Kalkofen
īmasch e läsch	unser Haus ist undicht
sébue fáü åson	wir müssen (werden) das Dach decken (flechten)
aubue aiutä īmepap?	werdet ihr ein Bretterhaus bauen?
sāb, īmefai igílegad	nein, ein Steinhaus ist besser
laü rḗbue föri umúnebuesch	morgen werden sie einen Kalkofen bauen
ür eschuen gådeschak	die Pfosten sind noch gut
im uan īo mine?	wem gehört dieses Haus?
imuēi	mir (es ist mein Haus)
ōmuren obue amőulă?	willst du es verkaufen?
fitifai mön?	was kostet es (wieviel sein Preis)
mĕli âbukiu me līmeef Mark:	ich glaube 150 M.
sāb, äbukiu me ruäf schak Mark *mön:*	nein, nur 120 M.
pån imuēi pāp	der Fußboden meines Hauses ist von Brettern

bodega eno fäne på	der Keller ist unter dem Fußboden
målúm éno åron īm	die Küche ist neben dem Haus
āl eno muan īm	die Straße ist vor dem Haus
malük éno uån īm	das Huhn ist auf dem Haus
éschai aramas éno lä im	ein Mann ist im Haus
tōlong!	herein!
touóu!	heraus!
tilå aśam	mache die Tür zu
sugīlå asam moscho	öffne das Fenster
épul!	Feuer!
eállífelong piraf	ein Dieb hat sich eingeschlichen
īga ēueriēi, ārü	als er mich sah, erschrak er

Haus und Küche.

schauar	Hausgeräte
gíägi	Schlafmatte
ülüng	Kopfkissen
ülöil	Wiege, Hängematte
abúlebul	Lampe
bår	Koffer, Kiste
takūa	Trinkflasche
sápasap	Buschmesser
akūgü	Beißzange
muirimuir	Hammer
ūm	auf heißen Steinen braten
mār	Brotfrucht einmachen
rāua	Kochen im Topf
åbuschi	rösten
fitug	Fleisch
fitug sīlo	Schweinefleisch
rāu	Topf
ātiet	Löffel
sār	Messer
sā'pi	Teller
schuschu	Tasche
åmusch	Brennholz
ánget	Feuer

atün-anget	Rauch
pŭl	Flamme
faün ánget	Steinfeuerzeug
mōt	gar
esemōt	ungar
mōt ĕmas	halbgar
émas	roh
Re Sina reoschäi sågol masch	die Chinesen essen Eier faul
ämi aumungo sågol i en áramas me ikimasch	ihr eßt Eier angebrütet (mit einem Mann drinnen) und faule Fische
isămuen oschäi fitug ĕmas	ich kann nicht essen Fleisch roh
uischiĕi e máschbut (ábua)	diese Banane ist überreif (faul)
fītug ēigil matīka	das Fleisch ist sehr fett
schĭmutä! ā rän!	aufstehen! es ist Tag!
agūtä ánget	mache Feuer
gunūla abúlebul	blase das Licht aus
olă buegito schan en tütü	bringe Wasser zum Baden
esen auátmo schān?	kocht das Wasser noch nicht?
esåbúngmoi nge auat	es kocht bald
eor pan?	ist Brot da?
sāp, Hámoneboi ālå buegi	nein, H. ist fort holen
obuĕla ia?	wohin gehst du?
ibuĕla lån mălūm	ich gehe in die Küche
meta óföri fäne målūm?	was machst du in der Küche?
ībue unī malūk	ich werde das Huhn schlachten
olă kŏmuen buégi ĕlö lön schan	hole erst eine Flasche Wasser
schan lån tanke ebuelĕpö	das Wasser im Tank wird (bald) zu Ende sein
otålü sapatosī?	hast du meine Schuhe gereinigt?
mómongåg	ziehe dich an
īo mual lügün īm?	wer ist draußen (vor dem Haus)?
eschai áramas ebuegito ik	ein Mann, er bringt Fische
fītifai mŏn īk?	was kosten die Fische?
etóu	das ist teuer
sāb, epăl, īk énnŏ	nein, er ist billig, es ist ein guter Fisch
eā, ībue amŏ'u	gut, ich werde ihn kaufen

ngenei muan ean salape	gib dem Mann sein Geld
ō sen ngenieimo mör īk	du hast mir die Fische noch nicht bezahlt
meta o sä angeni Vicente ren?	warum sagst du das nicht dem V.?
Vicente ese nō igéi	V. ist nicht hier
ellå̈ ia?	wo ist er denn hin?
mḗli éllå pä	ich glaube, er ist ausgetreten
eu faten īk efai Mark mön me Fånope	ein Bündel Fische kostet 1 M. in Ponape
ḗsor ei salape	ich habe kein Geld
ībue lä mungo igina	ich will jetzt essen
i petjai	ich habe Hunger
e måre	er hat Durst
mmuen för mungo	zuerst mache das Essen fertig
muir ollå tütü	dann gehe baden
fäne målum ḗsou lōng	in der Küche sind viele Ameisen
golåg etórofi éschai kesch	der Hund hat eine Ratte gefangen
läbongi ésou nām	heute Nacht gibt's viele Mücken
gölitä taunām	mache (binde) das Mückennetz auf
eätåring taunām	das Mückennetz ist zerrissen
é ngat	es hat Löcher
engeni schånimom ebue täi	sage deiner Frau, sie soll es flicken
matȫ'lap re angi pan	die Kakerlaken haben an dem Brot gefressen
i töngü	ich rieche es
ngeni	geben
llå buegi	holen
buegito	bringen
máür	schlafen
asȫ'sö	ausruhen
ángang	arbeiten
ū'tä	aufstehen vom Sitzen
schimutä	aufstehen vom Liegen
ueti	warten
förikai!	mache schnell
kai	schnell
muai	langsam

muetekaito!	komme schnell her
féito!	komme her!
ámuena	ordnen
ámuena schiman	seine Haare ordnen
ámuena kiéki	das Bett machen
talü pom — mesom — säpi	wasche deine Hände — dein Gesicht — die Teller
tütü	baden
ubŭb mongåg	Kleider waschen
pŏ'pŏ	kehren mit dem Besen
ŏlagu mais	Mais reinigen mit Fusinios
o puöl bue o sä tütü	du bist schmutzig, weil du nicht gebadet hast
isåtä ámusch uän ánget	lege Holz auf das Feuer
buĕ etägullä	sonst geht es aus
ŏto asóutä!	nicht zu viel (darauf)!
eängieng lüken īm	es ist windig draußen
borät ebuåtelong lä im	der Rauch kommt ins Haus
asénc pöi anget	blase das Feuer an (mit dem Fächer)

Körper und Krankheit.

schim-ei	mein Kopf
failmas-om	dein Auge
puot-ämi	eure Nase
áüng-ei	meine (männl.) Brust
ubu-an	sein Bauch
selengan	sein Ohr
au-asch	unser Mund
üu-ēr	ihr Hals
ŭt-um = tü-m	deine Mutterbrust
mas-ei	mein Gesicht
pai, poum, paŭn	mein, dein, sein Arm
pesch-ei	mein Bein
ibúibuenpesch-ei	mein Fuß
gumusch-om	deine Hand
ait-i (schig)	mein (kleiner) Finger
aitinpesch-om	deine Zehe

ā̆'lischim-ei	mein Kopfhaar
ük-i	mein Nagel
ă̊lüs	Schnurrbart
däi, dam, dan, dasch, dămi, dār	meine usw. Eingeweide
schü	Knochen
nān	Eiter
mānian	Schweiß
pā, pä	Kot, koten
sir	Urin, harnen
pā tjă	Dysenterie
tjă = tjä	Blut
bō	Geschwulst
gĭlas	Wunde
ắl ren sār	Schnittwunde
rūb	Frambösie
gŭt	Durchfall
e mĕtäk schimei	ich habe Kopfweh
e mĕ̊tak ű̆buan	er hat Bauchweh
olă ren sou säféi	gehe zum Arzt
ebue ngenuk säféi	er wird dir Arznei geben
i serā̈k	ich bin gesund
i ātüuen seräk	ich fühle mich besser
Fắnope esóu gilísabou	in Ponape gibt es viel Ringwurm
ilű̆maram i pä tjă	vor 3 Monaten hatte ich Ruhr
fänefitou å̊m pā lēbongoē	wie oft warst du die letzte Nacht auf dem Stuhl?
fäne onou	sechsmal
o pā tjă?	war Blut im Kot?
ālangan ruo ora obue ü̆'nemi safei-ē	alle zwei Stunden wirst du diese Arzenei trinken
osăbue oschosch fĭtug	du darfst kein Fleisch essen
mediko ébue tölū̊lå̊ ngi-m	der Arzt wird deinen Zahn herausziehen
tå̊tắfi	einreiben
muan-en epăsch mas-an	dieser Mann ist blind
ē püng seleng-om?	bist du taub?
efōta poum, i muet tjă?	was ist mit deinem Arm? er blutet

sĕmāi meta? *ēsĕmāi táfom?*	was fehlt dir?
ībue talü nge gŏli gĭlas	ich werde die Wunde reinigen und verbinden
medikō ŏ'ira	der Arzt sagt
ōbue schöschŏgi pesch-om	du sollst dein Bein massieren
sagŭr epår	bucklig
såmol igil ē semái	der Häuptling ist sehr krank
mĕli ébue mă	ich glaube, er wird sterben
e åtuf tja	er spuckt Blut aus
ā bungi ān semai?	ist er schon lange krank?
ésene mămo	er ist noch nicht tot
e ngengas	er atmet
īo e mă?	wer ist gestorben?
schånimu-an Gimara āmä	die Frau des G. ist gestorben
sébue föri bår-on	wir müssen ihren Sarg machen
rēbue kĕl péi	sie müssen ein Grab machen
īfa uénepei samelap-ei?	wo ist das Grab meines Großvaters?
áramas remĕsag rebuellå uénepei läbong	die Leute fürchten sich, nachts auf den Friedhof zu gehen
remengi bue eor ånü	sie glauben, daß es Gespenster gibt
eor re Saipan ne regülä sáfei en	es gibt in Saipan Leute, die können Medizin machen
ngere éschai eün saféi esåb mungo uisch	wenn einer die Medizin trinkt, dann darf er keine Bananen essen
ngere eangi eu uisch ebue angi eūm	wenn er eine Banane gegessen, dann muß er den ganzen Bund essen
o uā så'robuesch	du siehst blaß aus
ā soubut ŭnemom	du hast zuviel getrunken
o bulas	du bist betrunken
i mōng	ich habe Schnupfen
i nenån	— Husten
epúl gumuschi	ich habe mir den Finger verbrannt
ātik auān ren amuīk	er hat sich den Mund mit Pfeffer verbrannt

ät époi paün	das Kind hat den Arm verbrüht
ābul peschei	ich habe das Bein gebrochen
étou pei ren sä'tip en ürä	ich habe einen Splitter in der Hand

Tiere, Wald.

man	das Tier
golåg	der Hund
sīlo	das Schwein
uāke	die Kuh
uāke muan	der Stier
golāg schåbot	die Hündin
kesch	die Ratte
paischöi	Flederhund
galūf	Leguan
líparösch	Gekko
libēpai	Eidechse
īk	der Fisch
rås	Walfisch
pāu	Haifisch
åschepen	Schwanz
gīlin uåke	Kuhfell
ün en golāg	Hundehaar
„ „ *sīlo*	Schweinsborste
„ „ *malük*	Hühnerfeder
„ „ *īk*	Schuppe
pein īk	Flosse
ā'pene uāke	Kalb
eor fálün minår (uāke)	der Hirsch (die Kuh) hat ein Gehörn
mān āliel	der Vogel
āsaf	Raubvogel
målük	das Huhn
malük muan	der Hahn
uåu	der Eisvogel
åmå	der Kormoran
kiäki	die Möve

görȫ	der Reiher
nganga	die Ente
ngangáleual	Wildente
muī	die Amsel
lång	die Fliege
lĭken, nām	Mücke
kǖu	Laus
matȫlap	Kakerlak
lȫng	Ameise
lång såmol	Wespe
libuēibog	Schmetterling
pai äliäl	Flügel
fásafas	Nest
sågol	das Ei
äpene malük	Hühnchen
mungo, eángi	fressen
ǟliäl	fliegen
fắtab	laufen
län ualeual	Wald
buăi	Bambus
ualeual	Baum
schĭpin ualeual	Stamm
rän —	Ast
gĭ́lin —	Rinde
schön —	Blatt
uān —	Frucht
fâtil	Gras
līsang	Höhle
géreger	nagen
tȫllau	kriechen
llŭs	springen
län schía	Mangrovebusch
ásang	Savanne
uắlepin	Dickicht
uār	Wurzel
āl	Weg
schūk	Berg

fau = fai	Stein
mäle uä	Fluß
áürä	trockenes Flußbett
schånebu	Quelle
ibuēla län ualeual	ich gehe in den Wald
refasül nō ásang	sie waren in der Savanne
obuela uēi schuk	du gehst auf den Berg
sibuela å'schep minår	wir gehen Hirsche jagen
ebuēla päk silo	er geht Schweine schießen
au amå'ta schipinemäi nge fálauă uā	ihr fällt einen Brotfruchtbaum und höhlt ihn aus zu einem Kanu
tötä (ätángerutä) nü	auf eine Kokospalme klettern
muan epüngetiu nge ābul pesch en	ein Mann ist abgestürzt und hat ein Bein gebrochen
sibuelă Laulau ränéi	wir gehen heute nach Laulau
éngeni kåbu ēbue afangáto eschai áramas	sage dem Unteroffizier, er soll einen Mann herschicken
sibue säfälito läfäfi?	werden wir heute abend zurückkehren?
sāb, sibue maür Laulau	nein, wir werden in L. übernachten
aubue buēbog anămi	ihr müßt euer Essen mitnehmen
sibue jéil ĕre tĕta kareta?	werden wir gehen oder (zu Wagen) fahren?
ebuifa tauan igéi me L.?	wie weit ist es von hier nach L.
euéueschak tauan L. me T.	es ist ebensoweit nach L. wie nach T.
eu náneso īe	hier ist eine Hütte
auito, sebue asökisch lån	kommt, wir wollen darin ausruhen
o åschig?	bist du müde?
i sen ächigemo	ich bin noch nicht müde
eschuen etau L.	es ist noch weit nach L.
T. ĕnō fān	dort unten ist T.
ī uerin īm	ich sehe die Häuser
āl ē alügüpag	der Weg ist steil
åfäli īga opüngetiu	gib acht, daß du nicht fällst
aitito pōum	gib mir deine Hand.

Pflanzung.

māt	der Acker
nü	Kokos
ōt	Taro
lågo	Jam
māt en nü	Kokospflanzung
„ „ *lågo*	Jampflanzung
meschór = puöl	Tarosumpf
tökatiu nü	Kokosnüsse herunterholen
ūr, uĭsch	Banane
gúrugur	Apfelsine
lőmul	Zitrone
fĕtäg, fŏt	pflanzen
ólågu	Fusinios
masch	reif v. Obst
māo	reif v. Brotfrucht, Mais, Taro, Jam
sŏu	Kokosnuß zum Trinken
ārüng	die Kokosmilch
nü masŏu	Kokosnuß zum Trinken und Essen
schō	ganz reife Nuß, Kopra
mĕm	süßer Kokossaft
muál	gärender = (Tuba)
pai nü	Kokoswedel
puöl	die Erde
óloschik	Kokospflanznuß
păgenōt	Tarosteckling
mésen lågo	Jamsteckling
ätíki scho	Kopra machen
kĕl, lågo	Jam graben
uiŭ ōt	Taro ernten
măi	Brotfrucht
sŭwa, tamāk	Tabak
fáün sŭwa	Tabak sonnen
ă'päräs	säen
mĕleti	vom Unkraut reinigen
figes	das Unkraut verbrennen

obuėla ịa?	wohin gehst du?
ībuėla lä māt	ich gehe in die Pflanzung
o ītọ mėia?	woher kommst du?
i īto me löpuöl	ich komme aus dem Tarofeld
laü läsor sibuela ätiki schō	morgen früh machen wir Kopra
o fetǟg en īlă ōt?	hast du schon Taro gepflanzt?
i esen főtemo	ich habe noch nicht gepflanzt
māt en īo māt eėi?	wem gehört dieses Feld?
māt esou fai lån	das Feld ist sehr steinig
eŏr mat-om?	hast du einen Acker?
sāb, mat en samei	nein, es ist der Acker meines Vaters
fitifåsch nü lån matan	wieviel Kokospalmen sind auf seinem Acker?
ilīk me fisifåsch nü ka áua	37 tragende Palmen
rägue élå̊ i fótegi ǟ'bukiu me oneik me i lifåsch óloschik	vergangenes Jahr pflanzte ich 163 Nüsse
fitou gőtel en schō o ätiki ren eu räg?	wieviel Sack Kopra machst du jährlich?
eu nü mĕli rüabukiu schō	ein Baum (gibt) glaube ich 200 Nüsse
rüábukiu scho mĕli eu kintal masóso	200 Nüsse (geben) glaube ich einen Zentner Kopra
fitifai mön kintal schō ren Bodeg?	wieviel zahlt B. für den Zentner Kopra?
B. eamöu eu kintal tüūfai M.	B. kauft einen Zentner für 9 M.
Respanēs reamöu tüūfai Mark limeik Pénik	die Japaner kaufen für 9 M. 50 Pf.
ngang i kékamṑlaschak schō ren Rc Mariāles	ich verkaufe die Kopra immer an Chamorros
atóu gotel-ėi	wiege diesen Sack
tóun fisīk mc limőu libra	er wiegt 75 Pfund
ī ákünög bue obue ǟpäräs faün sūwa	ich habe dir befohlen, du sollst Tabak säen
i bāb fetägenī máes sépelān láü	ich werde Mais pflanzen übermorgen
au ā masch?	habt ihr schon Brotfrucht eingemacht?

ésesou mā̈i ren rā̊ki	es gibt nicht viel Brotfrucht in diesem Jahr
tökátiu eu nü	wirf eine Nuß herunter
émuen!	genug!
auā̊tak me angang? = ātak ämi angang?	seid ihr mit der Arbeit fertig?
kabesījo ē̍bue nonōschak rer re-angang	der Aufseher soll immer bleiben bei den Arbeitern
eor ne āgülä auéuen kepas?	ist einer hier, der dolmetschen kann?
esóubut buégian kareta	der Wagen ist zu schwer geladen
ŭmū́lă uāke lä māt	führe die Kuh auf das Feld
óngeni golāg schān?	hast du dem Hund Wasser gegeben?
i sen aünümo	ich habe ihn noch nicht getränkt
bṓubat?	warum?
buemeta o sä ünü ren?	warum hast du ihn nicht getränkt?
ī maluēgilă	ich habe es vergessen
buaisīlå̈ golåg na	lasse den Hund los
ennī eschai lī́siob naneu	er hat gestern ein Hühnchen tot gebissen
ī́gue sē̍ik lísiob igmar ā liman schak	es waren 10 Hühnchen, jetzt sind es nur noch 5
malṻk engau	die Henne ist schlecht
malṻk ā ṓnopi	die Henne brütet
galūf eoschā̈'i så̈'gol	der Leguan frißt die Eier
āmungo (= engenēi) gebā́iu	füttere das Pferd
naün īo gebāiu en?	wem gehört dieses Pferd?
alauā́lå̈ golāg	jage den Hund fort
áfäli, golāg egṻg!	gib acht, der Hund beißt dich!
tṓtiu! ōbue umū gebā́iu	steige ab! du sollst das Pferd führen
gölīlă uakéna	binde die Kuh an
ēbue mungo	damit sie frißt

Meer und Wetter.

sā̈t	das Meer
mmăt	die Ebbe
bŭr	die Flut

måleu, nåkit	kleine Wellen
nålápelap	die Woge
nåbőbo	die Dünung
nåm	der Hafen = die Atoll-Lagune
tóur	die Einfahrt
ăng	Wind, Luft
schå'reg	Windstille
lăng	Himmel = Kompaß
ă'let	die Sonne
fŭ	der Stern
muă'riker	das Siebengestirn
schúgupul	Vulkan
éfang = peigitä	Nord
ör = peigitiu	Süd
ōtiu = peigilong	Ost
lotōu = peigiuoú	West
ēbur	die Flut kommt ein
eóschou = ēpŭngetiu oschou	es regnet
eăng	es weht Wind
mĕli ebue oschóu igina	ich glaube es wird heute regnen
ábungi ese püng oschou	es hat lange nicht geregnet
ōsch	das Riff
läpi	der Sandstrand
ascháuschau	Felsenufer, Steilküste
tő	die Insel
fáneiu schuk	die Berginsel
fan ăpi	die Atollinsel
fángosch	die Meeresströmung
málemal	Sturm
óschou	Regen = Wolke
máram	Mond = Monat
resīm	der Regenbogen
sĕlĕp	Erdbeben
uĕreuer	Blitz
băt = manŭng	Donner
la ór	nach Süden
me ő'tiu	von Osten

peigimuan	rechts
peigi schåbot	links

Schiffahrt.

uā	Kanu, Schiff im allgemeinen
īu, ámara	Segel, rudern
fắtül	Riemen (Paddel)
schǟp	Bootsriemen
fatülebū́bu, murimuir	Steuer = steuern
fȫ'täk	Anker
aü	Mast
äméi, sä̆l	Tau
såmol en uā	Kapitän
pắlüu	Lotse, Steuermann
schåschǟ'p	Ruderer
balī́să	Seezeichen
numǟ'i	Wasser ausschöpfen
ắlå̆	fortgehen
serä̆kelå̆	absegeln
aīto, auār	ankommen
ituố̆u schṻnuā	an Bord gehen
ī́tilong uene fáncu	an Land gehen
nắnesă	Segelschiff, Bark
uā ī́ueu	Segelschiff
īu äf	Dampfschiff
ī́ueu	segeln
āfötäk	ankern
uīföták	Anker lichten
gȫli	festmachen
buaisīlå̆	losmachen
äfítä ámara	Segel setzen
aürä̆'tiu ámara	Segel einholen
äkit ámara	Segel reffen
auéleuel	lavieren
aschắpală	kentern
ä̆pas uéneuosch	scheitern

äpas uenefáneu	auf den Strand fahren
mắnelă	abtreiben
anai (= pipi) fáneu	nach Land ausschauen
i ákabüng murimuir	ich lerne steuern
pālüu eagükülä-ếi īueu	der Steuermann lehrt mich segeln
aueri ngeniếi tŏ́ur	zeige mir die Einfahrt
pālüu ēbue ápäu uā	der Lotse wird das Schiff heranbringen
sibuélă schṻnua	wir müssen an Bord gehen
ēb̆ue serắkelă läfäfi	es segelt heute abend ab
o ắbungir ăm schắ?	hast du von deiner Familie Abschied genommen?
schåbot resăng	die Frauen weinen
sībue tötiu lȫ'fö	wir wollen unter Deck gehen
„ *tötä me lȫfö*	„ „ an „ „
īa iga o schöngágeni ülöil-om?	wo hast du deine Hängematte aufgehängt?
murin uā	achtern
mmuene uā	vorn
ếbual uīfötäk	eben wird der Anker gelichtet
sībue schīenīr	wir werden (wollen) ihnen helfen
re aürütä īu énemmuan	sie machen die Klüversegel auf
uā ā seräk	jetzt fährt das Schiff
ĕ̊nå (= ĕtángenå) lâmetau	draußen ist hohe See
o mäilölö	du wirst seekrank
esắ'remo ei mäilölö	ich werde niemals seekrank
īsáb mäilölö	ich bin nicht seekrank
egad eắng (= egad ắngene ua)	der Wind ist günstig
mĕ́li sibue tóngeni Mariáles lāü	ich glaube, wir werden morgen in Guam ankommen
fáneu inān	dort ist Land
isắueri	ich sehe es nicht
i sămuen ueri	ich kann es nicht sehen
eu osch igếi	hier ist ein Riff
ēbue osch igếi	hier muß ein Riff sein
sāb, si alúsengi (= āmuetesengi)	nein, wir sind schon vorüber

räguelå̆ epasetä efåsch på̆'bor uan oschéi	im vorigen Jahr fuhr ein Dampfer auf dieses Riff auf
ǻbual tő̄'tiu	er ist wieder losgekommen
uā en ĕtǻkengeni rüábukiu tonelada	dieses Schiff faßt 200 Tonnen
nānesa en ḗfer limḗik áramas lån	dieser Schoner faßt (kann befördern) 50 Leute
sībue tā̈tälå̆ bot Tinian	wir saßen im Boot nach T.
aubue nō igei mine ā ito uā	ihr bleibt hier, bis das Schiff kommt
salå̆ = sibuelå̆ Schuk	wir fahren nach Truk.

Fischfang.

īk	Fisch
rås	Walfisch
pā̈'u	Haifisch
gǖ'u	Delphin, Schweinsfisch
tīl	(eine Art) Sardinen
gǖs	Polyp, Tintenfisch
sóufang	Meeraal
tikītol	Flußaal
mángar	fliegender Fisch
ōng	die grüne Schildkröte
ongemāu	die echte Schildkröte
ǖr, aǖ'tā̈	Hummer
álimong	großer Taschenkrebs
rågum	ein kleinerer Taschenkrebs
ürő̄'ir = läaürő̄'ir	Flußkrebs
ā̆f	Kokoskrabbe
tå̆	die große Tridacnamuschel
áimet, gåtil	kleine eßbare Muscheln
schün īk	Gräte
pain īk	Flosse
aschep en īk	Schwanzflosse
ǖn en īk	Schuppe
gő̄	die Angel
båu	angeln mit Stock und Leine

åkesch	angeln mit langer Leine
ă'ting	das große Staknetz
rŏpolap	mit dem Staknetz fischen
schău	kleines Netz an Bambusstäben
talåia	Wurfnetz
å'bong, tou en īk	Fischspeer
fåiu gŭ'u	Schweinsfische durch Aneinanderschlagen von Steinen unter Wasser anlocken
ăpela īk	Fische trocknen
asīgämin	einsalzen
sébue tŭl rågum	wir werden Krebse leuchten (mit der Fackel fangen)

Adjektive.

líkeb, tŭmok groß
buĕtäi, áülap dick
tufai alt
tĕkias hoch
lă'lai lang
tau weit
muåmai gut
găd schön
buesch warm
buéschekar heiß
ueneuen gerade
mĕnat mutig
schüäfisch fleißig
se'ăg gesund
busch dumm
tau schwer, teuer
måmau stark
sŏk voll
kai schnell
tjĕmau hart, hartnäckig
mĕm süß

gitikit klein
áischik, schûschü dünn
ŏnegad jung
lolå'l tief
móschomosch niedrig (kurz)
ă'ărap nahe
ngau schlecht
llåu häßlich
föi, patapat kalt
påtekisch sehr kalt
pår krumm
mĕsågetă feig
ataróa faul
sĕmåi krank
răpi gescheit
pĕl leicht, billig
sīlang schwach
pö leer
muai langsam
mĕschetor weich
måras bitter

asīgebut salzig
sŏng zornig
ngal geil
mắnemenau lebendig
ắuă fruchtbar
ắlet bestimmt, recht
mōt gar
lälắlai geduldig
sėlenga gehorsam
rapāu geschickt
eor éfan giltig, tauglich
túmok laut
māo, masch reif
lĭm rein
iếnegad angenehm
lĭm ordentlich
lĭschou, gülếan gebildet
meséig zufrieden, froh
ắlet zuverlässig
rosch dunkel
párapar rot
tja blutrot
rángerang gelb
petjai hungrig
mat satt

muắl sauer
sắuasch nackt
ángol eitel
mắ tot
bốbo schwanger
esắlet unbestimmt, unrecht
ésemōt ungar
ese lälắlai ungeduldig
ese sėlenga ungehorsam
ese rapāu ungeschickt
esór efan ungiltig, untauglich
muai leise
mangüsch unreif
puöl schmutzig
ese —, un —
lim engau unordentlich
esår gülếan unwissend
ese — un —
mĭ́semis lügnerisch
sáram hell
búschebusch weiß
schĕ̆tol schwarz
aráuerau grün, blau
mår durstig
ātak, āmol fertig.

Wörterbuch.

Deutsch — Karolinisch.

A.

Aal *tikitol* Flußaal; *sóufang* Meeraal
Aas *mäsch*, *fitigon masch*
Abend *läfäf* von 5—7 Uhr; *läfäf rosch* gegen 8; *läfäf māu* gegen 10
aber *ngē*
abfahren *ålå*
Abhang *alügŭ'pag*
abhauen *gůpi*
ablehnen *muīg*
Ablehnung *límuig*, *målemuig*
ablösen *līuel*, *līueli*
Ablösung „
Abort *īmuénepă*
abreisen *ålå*
Abreisender, ein *schåilå*
abschaffen *amåmå*
Abschied nehmen *åbung*, *kåbung*
abschlagen, eine Bitte *muīg*
abschließen *iapilå* (v. span. *llave*) Tür *ätielå;* Vertrag *kontråta*
abschneiden *ulälå*
abschreiben *kŏpia*
absenden *afangålå*
Absicht *méngemeng*
absondern *lemŏülå*
abspringen *tórotiu*, *llůsetiu*
absteigen *tŏtiu*
abteilen *ineti*, *áinet*
abtreiben (im Boot) *månelå;* (die Leibesfrucht) *püngelå:* *schåbot epüngelå ūbuan* die Frau hat ihre L. abgetrieben
abtrocknen *åtogu*
abwesend *ésenō*
Achselhöhle *fänepei* (*fäne* unter, *pei* mein Arm)
acht *uāl*, *uāleman*, *uālefai*, *ualōu*, *uālefåsch*
achtzehn *sēik me ualōu*
achtzig *ualīk*
achthundert *ualébukiu*
achttausend *ualángeras*
achtzigtausend *uålesel*
achten, achtgeben *áfäli*, *áüseling*
Achtung! *áfäli!*
Achtung *åuå*
Acker *māt*
Ackerbau *för en māt*
Ader *uā*
Adieu! *ibulălå!* (d. h. ich werde jetzt gehen)
Affe *litūng*
After *liuāt*
ähnlich *uéuēschak*
ähnlich sehen, einander *euēueschak mesan*
albern *ägékei*
alberner Mensch *sou ägékei*
alle (Menschen) *álanger* (*áramas*) (Häuser) *álangen* (*īm*)

allein *älä;* ich allein *älä ngángeschak;* einer allein *âlä-schai*
allmählich *égüs me égüs*
Almosen *äiäi*
als: mehr als *tuén-mman;* weniger als *emíneliu-mman, tuen egüs-mman, tuen älägüs-mman*
alt *túfai;* im Vergleich *lāp; īlap mmom* ich bin älter als du
Alter *răg* (= Jahr) *fitou rägom?* wie alt bist du? *sēik rägi* ich bin 6 Jahre alt
Ameise *lŏng*
Amerika *Mérige*
Amerikaner *rē Mérige*
Amsel *muī*
Ananas *pīnga* (v. span. *pinia*)
anbeten *atóu*
anbinden *gŏli*
Anfang, -s *bóletäl* = *bónetän*
anfangen *bolüu*
anfassen *angäti, gŏtŏpa*
angebrütetes Ei *sågol adramas*
Angel *gŏ*
angeln, mit langer Leine *åkesch;* mit Angelstock *båu*
Angelschnur *eå*
angemessen *pöpŏn*
angenehm *iénegad*
angesehen *åuå*
angreifen, feindl. *ámmalat;* berühren *angäti*
Angst *mésäg, nīu, līu*
ängstlich *mesågetă, líueta*
ängstigen, sich *i mésäg* ich habe Angst; *i sămesäg* ich habe keine Angst
Anker *fŏtäg;* vor Anker gehen *afŏtäg;* Anker lichten *uīfötäg*
Anklage, anklagen *schüngoa* = *schüngau*
ankleben *ápascha*
anklopfen *alŏlöschü*
ankommen *āito, åuăr, tóngenī*
ankündigen (öffentl.) *īră fätaléi*
Ankunft *íttol*
anlegen (beim Schießen), (vom Boot) *amålå*
anmessen *kåpö, apŏu*
annehmen *buégi, tŏri, sănamī*
anordnen *fŏl, akŭ'nö, éngeni*
anpassen *auéuēi*
anreden *åpĕsa*
anrühren *angäti, götŏ'pa*
anschwellen *bobŏlă*
ansehen *pīpi, fåtor*
Ansicht *méngemeng*
Ansiedler *rē uasŏlă*
anspornen *ålaua* (ein Tier); *aschóscho* (einen Mensch)
anständig *lĭm, limă'fisch*
anstreichen *ämisī*
anstrengen (sich und andere) *aschóscho*
anstrengend *tjāu;* Anstrengung *ángang tjāu*
antreiben (ein Tier) *ålaua*
antworten *pálüelī, apålüen*
anvertrauen *íseli* = *īseni*
anweisen (Arbeit) *aueringéni*
anwesend *nō, lō*
anzeigen *schüngau*
anziehen, sich *momongå'g, äpă'l-epäl*
anzünden *agütä ánget* = *fålă anget, fålátä anget*
Apfelsine *gúrugur;* bittere *guru-gúre noal;* eine Apfelsine herunterholen *ginītiu gúrugue*
Arbeit, arbeiten *ángang;* arbeitslos *esår ángang*
Arbeiter *rē angang* = *schån angang* = *sóu angang* = *schån ákünö*
Ärger *sóng*
ärgern, jemand *āsóng*

Arm, mein — *pái;* dein — *póum;* sein — *paūn;* unser — exkl. *påemem;* unser — inkl. *paüsch;* euer — *pāemi;* ihr — *páür*
Armband *íleng*
arm *óungau*
arretieren *ă'ppäti*
artig *sélenga*
Arzenei *säféi;* Arzenei eingeben *säféia*
Arzt *sóu säféi*
Asche *ålang*
Ast *ră* = *rän uåleual*
Atem, atmen *ngángas*
Atoll *fanăpi;* Atoll-Lagune *nåm*
au! *ík!*
auch *bål, buål*
auf! *séregi!*
auf *uål* = *uån; uē schuk* auf den Berg
aufarbeiten *angángelå, förīlå*
aufbewahren *īsan; īseni salapiēei* hebe mir mein Geld auf
aufblicken *fåtă, ueleuéletă*
auferstehen *buálemeláuta*
aufessen *angīlå*
auffangen (einen Gegenstand) *sībueli, tórofī*
auffahren (aufstoßen) auf ein Riff *påsetä uān osch*
aufgehen (Sonne) *tő'tä*
aufhalten (stören) *allålomosch;* (einen Flüchtling) *ámaschü, súburu;* (sich —) *nō* = *lō*
aufhängen *schöngågeni, schöngagenītä, törågeni;* sich — *gölīlå, forogīlå ū'uan*
aufhäufen *amőü*
aufheben (vom Boden) *seregītä;* (verwahren) *īsan, īseni*
aufhören *amålålå*
aufladen *åüta*
auflösen (z. B. in Wasser) *schānelă*
aufmachen (öffnen) *sūgilă*
aufmerken, aufmerksam *åfäli*
Aufseher *soukūnö, sou åkünö*
aufstehen (vom Sitzen) *ūtä;* (vom Liegen) *schīmutä*
aufsteigen *tőtä*
aufstellen *aiūtä*
aufwachen, wach auf! *mmåselă, mmåsetä*
Auge *failmas, fáülmas* (*-ei, -am, -an, -asch, -er*); (*faül* = Kern, *mas* = Gesicht)
Augenbrauen *fät*
Augenwimpern *apalūlmas*
aus, *läläē eito me ren ōro* = *milal oro* dieser Ring ist aus Gold; *ligitålå gumurom me ren anget* tue deine Hand aus dem Feuer
ausbessern Kleider, Kanu *äpílesă;* Dach *tülüngī;* Netz *ăting*
ausbreiten *tötő'lă*
ausführen (export.) *buegiuóu*
ausgeben (Geld) *iséisūou*
ausgehen (spazieren) *mőtalül* (von Chamorro *umólatnon*), *färágefetäl;* (erlöschen) *gúllå*
ausgleiten *mīt*
ausgießen *älipålå, aliålå, asūlå*
Ausguck halten *pipī fáneiu, anăi fáneiu;* (vorn im Boot) *åpai*
aushöhlen, ein Kanu *fäla uă*
auslöschen (Licht) *gunū, gunútiu, gunūlă; anget agúllă* das Feuer ist aus; (Schrift) *amå'ulå*
ausplaudern *képas*
auspressen *óngoti*
ausräuchern *abuåtü*
ausreißen *tölūlă* (Zahn); *uī* (Baum, Haar)

ausruhen *asö'sö* (refl.) *i asöoei, o ásöuk*
aussagen *äleta*
aussaugen *ngüng, ngüti*
ausschöpfen *amäta, numäi*
aussehen *uå*
ausspucken *ätuf*
aussteigen *tötiu*
aussuchen *ä'fili*
ausstreichen *amå'ulă*
austeilen *inetíla*
auswählen *äfili, fil*
auszeichnen *gikil*
außerhalb *lemóüsangi*
Auswanderer *schåisä'i*
ausziehen *ätíua* entkleiden
Axt *så'pel*

B.

Bach *mä'leuä*
backen (auf dem Herd u. auf offenem Feuer) *för;* (auf heißen Steinen) *ūm*
Backofen *ūm*
Backenzahn *ngíliu*
baden *tütü*
bald *esäl, esébungi, ésäb, eså-búngmoi*
Balken, Quer- *öischam;* Längs- *terielap*
Bambus *buai, ligibuai*
Banane *ür, uísch;* Bananen-pflanzung *mát en uisch*
Band (z. B. am Hut) *róurou*
bändigen *ä'fegir*
Bark *nánesä*
Bart *älüs*
bärtig *älüsübol*
Bast (von Hibiskus) *gilifö;* (von Kokosnuß) *gösch*
Bauch *ubu* (*-ei, -om, -ān*); *emé-täk ubuan* er hat Bauchweh
bauen (ein Haus) *kaü īm, aiū, aiutä im*
baufällig *īmeféir*
Bauholz *írä*
Baum *uäleual*
beabsichtigen *mémengi*
Beamter *sou-* (als Vorsilbe bez. Amt, Beruf)
beaufsichtigen *lägeläg*
beauftragen *éngeni*
beben (vor Angst) *buarügerüg;* (die Erde) *schet*
bedecken *buáliu* (mit einem Deckel, mit Blättern)*; üré-gepuöliu* (mit Erde)*; parün-gerüng* (den Kopf)
bedienen *ámuena*
„ sich *ámuene fötal*
bedrohen *ámesäg*
beeilen *muétekai, rígikai*
beenden *aigūlă, āmålålå, atakålå*
beerdigen *líbualī*
befehlen *föl, äkünö, éngeni*
befestigen *engíti, állögü* (durch Binden, Nageln, Stampfen)
befinden (örtl. sich —) *nō = lō;* (gesundheitl.) wie befindest du dich? *o ifausum?* wie befindet ihr euch? *au ifau-semi?* wie befinden sie sich? *re ifausur?* ich befinde mich gut *igad,* du *o gad,* er *egad,* wir *sigad,* ihr *augad,* sie *regad;* befinde mich schlecht *ingau, ongau* usw.
befreien *ligitålå*
befriedigen (jemand erfreuen) *äschipíschipa*
begabt *lög*
begegnen, jemand *aschüschu*
begierig (= durstig) *mår*
beginnen *bolü'u*
begleiten *tab-, átab- uei* mich; *ok* dich; *uī* ihn; *-uékisch* uns; *-uékemi* euch; *-uer* sie
begraben *líbualī*

Begräbnis *lĭbualib*
begreifen *gŭ'lä*
begrüßen *ă'tirou;* ehrfürchtig — *ăparō*
Behaarung *ūnāl*
bei *ren* (*rei* = *aroi* bei mir, *rem* bei dir)
Bein *pĕsche* = *pĭsche*
beinahe *egûseschak*
beisammen *schuschak* = *schufengenschak* = *fengen*
beischlafen (ehelich) *schäri;* (außer-) *fä* (*fög* — dich, *fäi* — sie)
beißen *gŭ*
Beißzange *akü'gü*
bejahen *ūră iå*
bekanntmachen *ūră fätalĕi*, *ă'pasa fätalĕi*
Bekassine *ligischŏur*
beklagen (sich) *schüngau*
bekleiden *mómongåg*, *äpâlepel*
bekommen *buĕgi*, *sălemi*
bekränzen *muăremuar*
beladen *ăüta*
belästigen *allălomosch*
belehren *agŭ'gülä*, *ăbungü*
beleidigen *eå'iå*
beleuchten *ăuer-*
belohnen *abå'su* (von Chamorro *apase*)
Belohnung *mō̆*, *abå's*
belügen *å'tubu*, *misí*
bemalen (sich — mit Gelbwurz *téig*) *teig- iei* ich — mich, *ög* du — dich
bemitleiden *tong*, *făiö*
bemühen, sich *aschŏscho*
benachrichten *ărong*
beneiden *buāilå*, *buáibuai*
benennen *áită* = *aitĕit*
bepflanzen *få'tegi*, *fŏtegi*
berauben *mŏscho*
bereit *tăk*
bereitmachen *atakălå*
bereuen *mángesefäl*
Berg *schūg;* Berggipfel *sabóischug*
bergig *ésou schúgun*
Beri-Beri *mmasch* (?)
bersten *lŏschelå*
Beruf *sou-*
beruhigen *alûgülă*
berühren *angă'ti*
beschädigen *fäirĕi*
beschimpfen *asōnga; i e songétekisch* er beschimpft uns
beschmutzen *ăpuölü*
beschützen *schănepan*, *tă'pengi*
beschuldigen *schûngau*, *schûngoă*
Besen *pō̆'pō̆*
besessen *auăreuar ănū̆*
besiegen (= niederwerfen) *apûngü*
besinnungslos *lālango*, *bulás* (v. span. borracho, Cham. *bulatcho*)
besizten *eor* mit Pron. poss.
bestätigen *ălĕta*
besteigen *tō̆'tä*
bestellen (Land) *såk* = roden, *fŏtegi* bepflanzen; (jemand) *éngeni*
bestimmt *ă'let*
bestimmen *ăkünō̆*
bestrafen *ă'ppäti*
betäubt *bulás*
Betelnuß *pûh;* -blatt *ualeual pûh;* -kalk *buäsch*
beten *ă'regi*
betrachten *pípi*, *ürüng* (sich); (etwas ansehen) *ălemau* = *ă'lemau*
betrinken (sich) *ăbulas; ngang i ābulas iuĕi* ich — mich, *en o* — *ük* du — dich, *i e* — *ī* er — sich (v. Cham. *bulatcho*, span. *borracho*)

betrüben (jemand) *på'i*
betrügen *atůbutup*, *mísimis*
Bett *äsăn*; das Bett machen *åmuena äsăn*
betteln *tûngår*
bevölkert (stark) *esóu aramasen*; (schwach) *äkäschai aramasen*
bewachen (hüten) *lă'geläg*
bewässern *atjŏgi*, *ůti*
bewegen *mågüt*, *magûtegüt*; *mågüt!* rührt euch!
beweisen *auerėngeni*
bewundern *sorŏmang*
bezahlen *mōni*
Bezahlung *mö*
bezeichnen *gikīl*, *gīlleni*
bezeugen *ă'lita*
biegen *å'puă*
biegsam *púopu*, *puŏpu*
billig *păl*
binden *gŏ'li*
Bindfaden *ålål*; für den Dachbau *kăt en īm*
bis (zeitl.) *mĭne*; *mĭne eåm mä* bis zu deinem Tod; (örtl.) *fan*, *fäne*; *sibuēla fäi schug* wir gehen bis zum Berg
bissig *kŭ'gü*, *mėnat*
bitten *tŭ'ngår*
bitter *måras*
Blähung *sīng*
Blase Brand- *pŏi*; Harn- *ligabŏbo*
blasen *ůgu*, *ŭgúgu*; das Licht aus- *gunůlå*
blaß *så'robuesch*
Blatt *schŏn udleual*
blau *arauerau*, *bůlebul*
bleiben *nō*, *lō*
blind *păsch mas* = *limåsepasch*
Blitz *uėreuer*
blitzen *euėreuer*
blödsinnig *sorosŏrebusch* = *sorosŏremmang*
blond (Haar) *schimugåt*
blühen *ăăι*
Blume *ăt*, *ă'tinuåleual*
Blut, blutig *tjă*
Boden (Fuß) *sosól*
Böe *oschóu*
Boot *bōt*; Bootshaus *ůtan bōt*; Kanuhaus *ůtan uā*
bohren *bůra*, *buróti*
Bord, an Bord gehen *ituóu schünuā*
Borste vom Schwein *ŭn en sĭlo*
böse *ngau*
Bösewicht *rŭ'gerüg*
Brandung *nånå*; hohe See *nå*
braten (zwischen heißen Steinen) *ūm*
Braten (Schwein-) *kerang* (*e silɔ*); gebratene Brotfrucht *apuésch e mai*
brauchbar (tüchtig) *lŏg*
brauchen (bedürfen) *mål*
brechen (Bein) *bŭl*; (Stock) *bullŭ'n*; (Topf) *ripĭ*; das Kanu ist zerbrochen *uā atílingäg* = *uā arípingeg*
breit *schŏlap*
brennen *pŭl*; Feuer! *apŭl!* (Pfeffer) *ātig auēi ren amuīk* es brennt mein Mund vom Pfeffer
Brennholz *åmusch*
Brett *pāp*
Brief *tīligi* (v. Chamorro *tinige*)
bringen (eine Sache) *buegīto*; (ein Tier, Kind) *umůto*
Brotfrucht *măi*; mit Kernen *măias*; -baum *schipínemäi*; Brotfrucht suchen *iėi mäi*; Brotfrucht einmachen *mār*
Bruder, mein *buī muăn*, dein — *buim muän*, sein *buīn*, unser *buisch*, euer *buämi*, *buir*
brüllen *ŏ'riör*
brummen *ngŭngü*

Brunnen *schånekel*
Brust *düng;* weibl. — *tüt* (*tüi, tüm* usw.)
brüten *ónopi*
bücken, sich *bórotin*
bucklig *sagürepår*
Bündel *ffāt;* ein Bündel Fische *ffåten īk; éum* ein Bündel Bananen
bunt *tigafü'fü*
Buschmesser *såpasap*
Butter (Schmalz) *íuī*

C.

Calophyllum *rågisch*
Chamorroleute *re Mariåles*
Chamorrosprache *kēpas en Mariåles*
Chinese *rē Sīla*
Christ, christlich *kritiålō*

D.

Dach (von Blättern) *eås* = *åson īm;* -First *únguschik;* -latte *ă'pengeg;* -sparre *uói*
Dachdecken *fåtafat* = *fǎta*
daher *ĭna mine; buile ĭna*
damals *īgue; igue tiempo Re spaiol* damals zu den Zeiten der Spanier
damit *buē, buĭle: fåtemo mais bui ebue eor anåm* = *fåt mais buıle* pflanze Mais, damit du zu essen hast
damit nicht *buile oto petjai* — damit du nicht hungerst
Dämmerung, Morgen- *ŭlimoi rän*
" Abend- *leau mă'liel*
Dampf *átün*
Dampfschiff *påbōr* (span. *vapor*); *ıu ăf* (= Feuersegel)
daneben *åron*
dann (kausal) *ilånge: ōföri minen i lange obue äppät* wenn du das tust, dann wirst du gestraft; (zeitl.) *ngere åtak*
darinnen *llån* = *llål: eno llån* er ist drinnen
Darm *tāl*
darum *ĭna mine*
daß (damit) *engenī b u e ebue föri* sage ihm, daß er es machen soll; (Konj.) zu umschreiben: *esă'let eåm fasül ángang* nicht wahr dein haben gearbeitet = es ist nicht wahr, daß du gearbeitet hast
dauern *búngial*
Daumen (mein) *ait(i)lap*
Decke (Schlafmatte) *áos;* unter Deck *läfö* = *lōfö;* Zimmer- *åschap*
Deckel *bålebal*
decken *bualīu;* Tischdecken *åmuena mungo*
dein *eōm, nōm,* (suff.) *-om, -m*
Delphin *gŭu;* Delphine herbeilocken durch Aufeinanderschlagen von Steinen unter Wasser: *fāi gŭu*
denken *méngi, mémengi*
denn *buē, buĭlē*
dennoch *ngē*
der (Pron. rel.) *uē,* plur. die *kēue*
derselbe *bualí ischak, euéueschak*
Deutscher *Re alemån*
Diarrhöe *gŭt, sĭt*
dicht *pĭn*
dick (im Querschnitt) *buetäi, áülap* = dickbäuchig *libóubai;* (in der Höhe, z. B. ein Buch *måliöl*
Dickicht *ualŭ'pin*
Dieb *mánemoscho*
Diener *soukŭ'nö;* Dienerschaft *schån ákünö*

dies *mélal, mīnēn*
dieser *-iē, -en, -uen;* plur. *-ekǻn*
diesseits *peigiéi;* diesseits vom Fluß *peigil sǻschük me igēi*
Disenterie *pă tjă, mäoschosch*
Dolmetscher *auéuen kepas = atötön kepas*
Donner *păt, manüng*
Donnerwetter! *mesän inēr!*
doppelt (= mehrfach) *auasōn; fäneruō* (zweimal)
Dorf *péi = ăpinom*
Dorn, dornig *fålefal*
dort (mir fern, dir nahe) *ígimū;* (uns beiden fern) *igilǻl, inān, ilāl*
dorther *meigimul, meigilal*
dorthin *lă ígimu, la ígilal*
Drachenspiel *ätă'ig*
drängeln *ätiéti, aschǘpet*
draußen *lǘgün*
drehen, ein Rad *atå'golu;* eine Kugel *aså'gopelī;* ein Seil *píni;* — wenden *uélegi;* drehe dich herum *uéleg-uk*
drei *ől, ölüschai, ölüfai, īlu, ölüfåsch*
dreizehn *séik me īlu*
dreißig *iiík, īlief*
dreihundert *ilíbukiu*
dreitausend *öléngeras*
dreißigtausend *ő'lesel*
Drittel *ölüsåb, ölüpeig*
dreist *sämesäg, mǻhat*
dringend *igílegut, păk*
drohen *ǻmesäg*
Drossel *muf*
drücken (deine Hand) *ítengi póum;* (auspressen) *óngoti*
du *en;* als präfix *o-*
dulden (zulassen) *sélenga;* (leiden) *tō*
dumm *ḿmang, busch*
Dünger (vom Tier) *pänman*
dunkel *rosch*
dunkeln *ebue lä rosch, roschápung*
dünn (Baum, Tau) *aischik;* (mager) *schûschü = gŭl; méneng* (z. B. Papier)
Dunst, dunstig *ǻre boǻt*
Dünung *nåbőbŏ, nǻlapalap*
durch *ren, rel*
durchbohren (mit einem Bohrer) *bűră, burőti;* (von einer Kugel) *buêr, buérengi*
Durchfall *gŭt, sīt*
durchgehen *fatǻbolå*
durchlöchert *ngăt, gŭs*
durchsichtig (Glas) *făt;* (ein Sieb) *meléngeleng*
durchsuchen *güte-fetă'l*
dürfen, umschr. durch können: *ḿmuen,* oder Fut.: *-bue;* nicht dürfen *-sǻb*
dürr *päs*
Durst *mår*
dürsten „

E.

Ebbe *mmăt*
eben (jetzt) *īgina;* (glatt) *schăl*
Ebene, eben (horizontal) *fană'-pi, sőnegad*
ebnen *auéuēi*
ebenso — wie *euéueschak — me*
Echo *ligásenual*
echt *ă'let*
Ecke (v. Tisch, v. Zimmer) *fǻte-fatül*
Ehe *schånīm*
ehemals *ígue;* in alter Zeit *móiuē*
Ehre, ehren *áporo, áuå;* Ehrerbietung erweisen, sich bücken *uoi* vor mir, *uom* dir, *uan* ihm; *uasch* uns, *uami* euch, *uår* ihnen

ehrlich *mĕsån*
Ei *så'gol;* -dotter *bulāl;* -weiß *pölū'lål;* angebrütetes Ei *sågól a ăramas;* Eier legen *sågol*
Eid *ăkapal*
Eidechse *libĕpai;* (Gecko) *lípa-rösch*
eifersüchtig *kĭl*
eifrig *schū'afisch*
eilen, eilig *muĕtekai, rĭgikai*
ein, eins *öt, éschai, éfai, eu, ēfåsch;* einhalb *ésåb, épeig*
elf *seik me eu* = *äaf me ĕfai*
100 *ă'bukiu*
1000 *sángeras*
10000 *sĕl*
100000 *ă'pingit*
einfädeln *atolongēi*
Einfahrt *tāūr*
einfältig *ḿmang, bŭsch*
einführen *buegīlong*
eingestehen *älĕta*
Eingeweide *tā (n), täi, tam, tan*
eingießen *älipålong, äliålong*
einholen *góna*
einig *schåneua*
einigemal *fänakā'u*
einladen *atŏlongou* (zu Gast)
einmachen (Brotfrucht) *mār*
einnehmen (Geld) *iséiselong*
einmal *fänēu*
einreiben *tåtăfi*
einrichten *auéuē, ămuena*
einsalben *ă'päti, ă'päti lō*
einsalzen *asīga, asīgänin* (von Chamorro *asiga*)
einsam *äläschai*
einschiffen, sich *sŏu*
einschlafen *ătöl*
einschleichen *ällifelong*
einsperren *ă'ppäti*
einstürzen *pūngetiu, må'telă*
einträchtig *schå'neua*
einverstanden *típalī, típäni*
Einwanderer *re uasō'lă*
einwickeln *tūgemī*
einwilligen *sélenga*
einzäunen *gólola* (v. span. *corral*?), *tobagorūlă*
Eisen *mĕschä* (v. engl. *metal*?), *pårang* (Glocke)
Eisvogel *uāu*
eitel *ángol*
Eiter *nān* = *lāl*
ekeln sich, ekelhaft *llå'u*
Ellbogen *bŭgŭanep (ei)* mein, *-oum* dein
Elend *lángeta*
Eltern *schāp*
empfangen *sålami*
empfinden (schmerzl.) *päi*
Ende *så'bon;* zu Ende *ăros;* das Wasser ist alle *āpö*
endlich *amúirimuir, muīr*
eng *schögit;* gedrängt voll *aschŭ-pet*
entbehren *lángetă*
entdecken *schūngi*
Ente *nganga* (Cham.); wilde — *ngangáleual*
entfernen, sich *tåolă;* hinter sich lassen *ålū*
Entfernung *tauan*
entgegen *páleual*
entgehen *ålūu*
enthaltsam *ăschül*
enthaupten *säpöpōu*
entkernen (Mais) *ămor*
entkommen *ålūu*
entlassen, jemand *ligitålå*
entlaufen *fatåbolå*
entmannen *kåpon* (span.)
entschließen *ărără*
entsetzlich *rū*
entstehen *fåsetä, mă'retä* (von leblosen Dingen); *uĭseg* (von Tieren und Menschen)

entweder — oder zu umschreiben: wenn nicht — dann *ngĕre sä — ēbue*
entzwei (Knochen, Stock) *gópesag; rípisäg, rípingäg* (Gefäß)
er, es *i;* als Präfix *e-*
Erbe (das) *ligitắtiu*
erben *buegi ligitắtiu*
erbrechen *ṁmŭs*
Erdbeben *sĕlĕp*
Erde (Land) *fắneu* = *fắleu;* (Boden) *puŏ̈'l, sosól*
ereignen *gólă*
erfahren *gŭlä*
erfreuen *emeséiga*
ergreifen *ắmaschü*
erhaben *ṁmuer*
erhängen (sich) *gölĭlå̊ ĭuan* = *forogĭlă īuan*
erholen (sich) *tĭuen serăg*
erhöht *ắllanga*
erinnern (sich) *mengi*
erkälten (sich) *sôngŏ̈'ngö*
erkennen *ắgülä*
erkundigen (sich) *ắieg*
erlauben *sélenga*
erleuchten *auerĕi*
ermahnen *ätúelig*
ermäßigen (den Preis) *ă'ppéla*
ernst *esemeséig*
erröten *āpáraparelå̊*
erscheinen (in der Ferne) *buă̈';* (vor Gericht) *buă̈'to*
erschrecken (selbst) *rŭ;* (jemand —) *arŭrü*
erstaunen *sarómang, tjĕla*
erstaunlich *asarómang*
Erste, bes. Erstgeborener *läp*
ertappen *eófi*
ertränken *ámå̊bū*
ertrinken *må̊'lum, må̊b*
erwägen *mémengi*
erwarten *sáuli*
erwischen *eófi*
erzählen *apắpa*
erziehen *få̊lå̊*
erzürnen *asóṅga;* sich mit jemand — *e songefengen* (er); *re songefengen* (sie)
essen *mungo, ángi, oschäi*
Essen *mungo;* Eßgeschirr *nă̈'nien mungo*
Essig *melágeli* (v. span. *vinagre*)
etwas *tŭ'uen, ekă̈'güs*
euer *náämi, eắmi, -ămi, -ĕmi*
exerzieren *afă̈'lefäl*
Exkrement *pā, buísä, alóu*

F.

Fächer *ā̈'nepöi, esă̈'nepöi*
Fackel *tŭl*
Faden *hĭlo* (span.)
fähig *lŏ̈g*
Fahne *galĕra*
fahren (v. Schiff) *sĕrå̊k;* (auf dem Schiff, Wagen) *tĕtă*
Falle *ắpüng*
fallen *püng*
fällen *amå̊'tă*
falsch *ésepüng, éseuen;* (trügerisch) *rŭgerüg*
Familie *schå̊, ei schå̊* meine Familie
fangen *tórofi, sŭburi*
Farbe (Färbung) *ắlül;* (Farbstoff) *ă̈'mis*
färben *kắtü;* Färber *sou kắtü*
fassen *ēfĕr: rau en efér rualö schan* dieser Krug faßt zwei Flaschen Wasser; *tákengeni: uā en etákengeni 200 tonelada* dieses Schiff faßt 200 Tonnen
fasten *aschŭl*
faul (träg) *ataróa, schĕuarau;* Faulenzer *sóu atarōa;* (verfault) *masch, buómasch* (Fleisch); *buă, tĕir* (Früchte, Holz)

Faust *tūg*
Feder, z. B. Hühner- *ün en malük*
fegen *pö'pŏ*
fehlen (von Sachen) *esår;* (von Menschen) *ésenō; sämai meta?* was fehlt dir?
Fehler *félă* (deutsch); Fehler machen *rŭg*
feige *mesågetă* = *lîueta*
Feile *féi*
fein *pă'schig*
Feind *påleual*
Feld *māt;* Feldarbeit *éngang en māt*
Fell (z. B. Kuhfell) *gîlin uåke*
Fels, Felsenküste *aschauschau*
Fenster *ásam móscho* (die Diebestür)
Ferkel *āp en sîlo*
fern *tau*
Ferse *äpîlepil*
fertig *åtak, åmål, åük;* nicht fertig *séntak;* noch nicht fertig *sentákemo*
fest (hart) *tĕmau;* (haltbar) *nŏg, nŏ'genög*
festbinden *gŏli ållögü;* -halten *åmuschü nŏ'giu;* -machen (Segel, Boot) *gŏ'li*
Festtag *gûbul* (v. Chamorro *gupot*); *rän en fél*
Fett *îui* (Schmalz); *fîtug e îui* das Fleisch ist fett; *buetåi: sîlo e buétåi* das Schwein ist fett
feucht *schîtan, schétan*
Feuer *ánget, ăf, akéi, ă'heru;* Feuer! *épul!* -stelle *fálang;* -zeug aus Stein *fáün ánget;* -sbrunst *īm epul*
Feuer machen *få'lă anget, agûtä ánget;* -löschen *gunûlă anget*
Fieber *gilål*
finden *schúngi, schûschu*
Finger *ait;* kleiner — *aitischig*
finster *rosch*
Fisch *īk;* fliegender — *mángar;* Sardine *tĭl;* Fische trocknen *äpela ik*
fischen, allg. *fîta, seilå;* mit dem großen Netz *rŏpolap;* mit dem Stangennetz *schău;* mit der Angel *åschiå, ăfiäf;* mit langer Leine *eåkesch;* mit dem Speer *tou īk;* mit Gift *süp* (Fischgift *ūp*)
Fischer *sou fîta, sousét*
Fischgarten *äséd, måi*
Fischreuse *ū;* -speer *åpong, tou en īk*
flach, Fläche *fană'pi*
Flagge *galéra*
Flamme *pŭl*
Flasche *bŏr;* als Flasche benutzter Kürbis *takŭa;* -nscherben *merepîlŏ;* -stöpsel *pin epină'lŏ*
flattern (Fahne) *schét, apóupou;* (Huhn) *åsipou*
flechten (Korb, Dach) *fáüī* = *fáifai;* (Haar) *pĭn;* Flechter *soufáifai*
Flecken im Auge, Star *ün en īk* (= Fischschuppen)
Flederhund *paischŏi, páiti*
Fledermaus *nûnebue*
Fleisch *fĭtug; fîtigon sîlo* = Schweine-; *fîtigon uăke* = Kuh-; *fitugémas* = rohes —; *fîtug möt* = gekocht., gebratenes Fleisch
fleißig *lîschou, schûäfisch*
flicken (ein Loch zunähen) *tă'i;* (Netz flicken) *äting;* (Hose flicken, einen Flicken aufsetzen, Kanu ausbessern) *äpînesa, epîlesa*
Fliege *lång*
fliegen *ăl, ăliäl*
fliehen *fåtab*

fließen *bū; búbū*
flink *rüeru*
Floh *güu*
Floß *fö'fas*
Flosse *pein īk*
Flöte (von Rohr) *ángün*
fluchen *åiarī*
Flügel *pai åliäl*
Fluß *mă'le uă, sáschük* (v. Cham. *sádog*); trockenes Flußbett *åüră*
flüssig *tă'giäg*
flüstern *amángün*
Flut *bŭr;* die Flut kommt ein *ēbŭr*
folgen (= mitgehen) mir *tabuei éi;* uns *tabuékisch;* dir *tabók;* euch *tabuíkämi;* ihm *tabuī;* ihnen *tabuēr;* (= gehorchen) *sälenga*
folgsam *schüafisch*
fordern (verlangen) *tíngår*
fort! *sü! sülå! ālå, féilå, ulålå*
fortfahren (im Schiff, Wagen) *tetålå;* — in der Arbeit *énen*
fortführen *umülå*
fortgehen *llå*
fortjagen *fatabuélå, alauålå*
fortlassen *afeilålå*
fortlaufen *fatåbolå*
Frambösie *rūb*
Frau *fåfen, schå'bot*
frech *muérä*
frei *tōuóu*
freien *güte schanīm, güte puluēi*
freigebig *uå'ffisch*
Fremdling *rē uasölă* (Leute, die auf Kanus von auswärts kommen); *rē uān* (Leute von „Oben"); *rē peigiuóu* (Europäer)
fressen (rohe Früchte, Fische, Fleisch) *uschäi = oschósch;* (allgemein) *mungo,* Imperativ: *cángi*

freuen, sich *mĕséig*
Freund *märīr; bui;* sich anfreunden *abŭibui*
friedfertig *méson*
Friedhof *uénepei, pei en mánemä*
frieren *érifōi*
frisch, zu umschreiben, z. B.: frische Fische *īk en ränei* v. heute; *ik en ígina* v. jetzt
frisieren *åmuena schim téfă*
froh *meséig*
Frucht *uān*
fruchtbar *åuă*
Frühe (morgens) *läsor*
früher *igüe*
frühstücken *älă'sor*
fühlen *mi ă'fi;* (empfinden) *pă'ī*
führen *umū, umülå*
Führer *man eö*
füllen *ásögü, aurå'lå*
fünf *līm, límman, lífai, límou, līfåsch*
fünfzehn *sēik me limou*
fünfzig *liméik, līmää'f*
500 *limábukiu*
5000 *limángeras*
50000 *límesel*
fünfundzwanzigmal *fäl ruäk me limóu*
1/5 *līmepéig*
Furcht, fürchten *mésag, líu, níu*
furchtlos *sămesag*
furchtsam *mésag*
Fusinios *ólågu*
Fuß *ibuibuen pesch-ei;* -sohle *féile pesch-ei*
Fußboden *på*
Fußweg *āl aischik*
füttern *amungon = ngan éi*

G.

gackern *tötegág*
gaffen *anemău*
gähnen *müal åtöl, méuan átöl*

Galle *ắ'til*
ganz (unzerbrochen) *ắnus* = *ắlus*
gar *mōt*
Gast *konvída* (span.)
Gastmahl *gắbul en mungo*
Gatte, -in *schắnimu(ếi)*, *schắlengắle*, *bắpulü*
Gaumen *fáün órong*
gebären *măk*, *mákü*
geben *ngếni*, *aitắto* (= hergeben)
gebildet *líschou*, *gülếan*
Gebirge *schūg*
geblendet *tän ắ'let*
gebogen *åbora*
geboren werden *mắnegål*
gebraucht (alt) *āså'sot*
gebückt *bórotiu*
Gecko *libếpai*
Gedärme *tắn*
Geduld, geduldig *lålếelai*, *ắ'to*
gefallen *äfischi*
gefällig *ämesếig*
Gefangener *schå ắ'ppät*
Gefängnis *īm an ắ'ppät*
gefräßig *mongắlap*
gegen (versus) *ngếni*; (contra) *păle ualūr*
gegenüber *péigina*
gegenwärtig (anwesend) *nō*; (jetzt) *ígina*
gehen *fäil*, *fáreg*, *lå*
geheim *uairas*
Gehirn *få'boeap*
gehorchen *sélenga* (= gehorsam)
gehörig *náün io*, *eắn īo* (plur. *nāür īo*), *eār īo*
Geige *lắbit*
geil *ngal*, *fắ'fä*
geizig *uắput*, *uangau*, *lánogou*
gelähmt *man ése bueng*
gelb *rángerang*
Gelbwurz *rāng*, *téig*
Geld *mön*, *salápi* (Cham. *salape*)
Geldbeutel *nănien salapi*
Geldstrafe *ärīä*
Gelenk *aschắschu*, *ailếl*
Geliebte *åfåt*, *fáül*
gelten *eor ếpetan*, *eor ếfan*
gemäß *ren*, *renefölếi*
gemein (schlecht) *ngau*
Gemüse *golai* (Cham.)
genau *uén*
genieren (sich) *afäiffisch*
genug *égou*; —! *émuen!*
gerade *uĕn*, *uéneuen*; gerade so groß *euéueschak tumokon*
Geräusch *lŏ'llösch*, *buase rígerig*
gerben *tắmo* (Cham.); Gerber *sou túmo*
gerecht *ếuen*
gern (— haben, — essen) *āfischi*
geruchlos *ese bopól*
gescheit *răpi*
Geschenk *äiäi*
geschickt *rapáu*
Geschlechtsteil: Penis *sä-i*, *-m*; weibl. *tingi-ếi*; Hoden *söl-i*
geschmacklos *esénnö*
Geschrei *ákapas*, *eå't*
geschwätzig *sou kếpas*
geschwind *kai*
Geschwister *mongi-ei*, *-om*
Geschwulst *bō*
Gesetz *fŏl*, *åkünŏ*
Gesicht *uå'nemas*, *mas*
Gestalt (schön von —) *úlugad*; (unschön —) *úlungau*
gestehen *tắlă*, *ūgüschag*
gestern *năneu*; gestern abend *bongi näneu* = *läbongoē*
Gesuch *tíngår*
gesund *serăg*
getrennt von *lemóüsengi*
gewähren *sélenga*
gewaltsam *aschóscho*
gewandt *rắĕru*
Gewebe *tör*, *törŏngi*

Gewehr *pĕk* (Cham. *páke*), *līga-süg*
Geweih *fálü*
Gewicht, gewichtig *tjáu*
gewinnen *manggánă* (span. ganar)
gewiß *ắ'llet*
Gewitter *uéreuer* (Blitz) *bät*, *manüng* (Donner)
gewöhnen, sich *ŏri; iöri ün suwa* ich gewöhne mich an's Rauchen
Gewohnheit *fŏr; fŏfŏ'r*
gießen *älípa*, *älía*
Gift, giftig *āun*, *āul*
giltig *eor éfan*, *eor épetan*
Gipfel *sabóischug*, *uáischug*
girren *ngűngü*
glänzen *emerīuriu*, *escherīuriu;* (= leuchten) *ĕtin*, *ēuer*
glatt *schăl*
Glatze *schīmuimor*
glätten *aschállü*
glauben *lűgülüg*, *lügüu;* ich glaube (= ich meine) *mēli*
gleich (sofort) *kai;* (wie) *uē;* (paarig) *apáleuen*
gleichen *euéue*
glimmen *gü*
Glocke *pårang*
Glück, glücklich *fäiegad* = *fäie-fisch*
Gott *līos* (Cham. *juos*, span. *dios*); *anűlap*
gottlos *eselűgüu* (ungläubig)
Grab *līb*, *lība manemä*, *pēi*
graben *kĕl*, *äkēl*
Gras *fắ'til*
Gräte *schün īk*
grau *mŏus* (nur v. Haar)
grausam *atarå'mmat*, *līschöi*
Greis *man tűfai*, *manűllap*
greifen *ámaschü*
Grenze *aiēn*
Griff (d. Messers) *păsch* (*en săr*)
groß *līkeb*, *tűmog*, *lăp*
Großmutter *īnelap;* -vater *sama-lap*
grün (= blau) *aráuerau*
Grube *līb*
Grundstück *măt*
grunzen *ngűngü*
grüßen *ắ'tirou*
günstig *găd*
Günstling *kåfisch*
Gurgel *órong*
Gurke *gűngér*
Gürtel *kålüg*
gut, gütig *muámai*, *găd*, *fisch;* (wohlschmeckend) *nnō;* gut! *eā!*

H.

Haar, allg. *ün;* Kopf- *älischim;* Haut- *ünal;* Scham- *gor-ei*
haben *eor;* nicht — *esor*
Hafen *nåm*, *taur*
Hahn *malükemuan;* -kampf *arupmálük*
Hai *pắ'u*
halb *ēsåb*, *epéig;* halbgar *mōt ēmas*
Hals *űu;* -kette *usŏus;* aus *Gau*, abgeschliffenen roten Muscheln *ámosch*
halt! *ülå!*
halten (in der Hand) *ámuschü;* (fest-) *amuschü nögiu;* (ent-) *fĕr*, *ēfer*
Haltung *inō;* gute *inōuen;* schlechte *inōbŏr*
Hammer *aműirimüir*
Hand *gumusch-i*, *-ün*, *-ür;* -fläche *lān gumusch*
handeln *ákamö* (*an ákamö* sein Handeln)
handgemein *ámmalat*
Hängematte *ülŏil*

hängen (etwas auf-) *tôngög, schöngög;* (sich auf-) *gölīlă ūuan, foregīlă ūuan*
Harnblase *ligabôbo*
hart, hartnäckig *tjêmau*
Harz (bes. d. Saft d. Brotfrucht) *búlis*
hassen *å'buta*
häßlich *llå'u, ůlungau*
hauen *lauti* (= prügeln)
häufig *ésou, fă'nesou*
Häuptling *såmol*
Haus *īm;* Bretter- *īmepāp;* Tanz- *ūt;* Stein- *īmefai;* Boots- *utánebōt;* — bauen *káü im;* -geräte *scháuar;* -junge *schån ákünö;* -tier *man fegir;* -suchung *gŭ'te-fetäl*
Haut *gīl*
heben, mit der Hand *séregī;* mit einem Hebel *tíbuei*
heda! *éi!*
Herd (Feuerstelle) *fålang*
heftig *üng*
heil, heilen (intrans.) *må;* heilbar *ébue må;* heilen (trans., kurieren) *saféa*
Heimat *fāneuéi* (mein Land)
heimlich *uáiräs;* für sich, z. B. lächeln *må'noman*
Heirat *apulū'pai;* heiraten *búpulü, schånīm*
heiser *palār*
heiß *buéschekar*
heißen *itān* (= sein Name); *io ítom = meta ítom* wie heißt du? *itéi N.* mein Name ist N.; *io īten samom* wie heißt dein Vater? *meta iten minen mo rämi?* wie heißt das bei euch?
helfen *schíeni, täpengi*
hell *sáram; ebue saram* es tagt; (klar v. Wasser) *fät*
Hemd *ūf*
Henne *malük schåbot*
her, herbei *tō;* -kommen *feito;* -bringen *buegīto;* -rufen *féfaingīto*
herab *tiū;* kommen *tō'tiu;* -lassen *arápetiu;* -springen *lúsetiu;* -ziehen *táiutiu*
herauf *tä;* -kommen *tōtä*
heraus *uóu;* -kommen *touou;* -nehmen *buegiuou;* -tun *atouou;* -strecken, die Zunge *eitīlān;* -ziehen (Zahn) *tölülă,* (Baum) *buarī,* (Pflanzen, jäten) *uī;* komme heraus *ōlă touou*
herbe *meléis*
Herd *fálang*
Herde *tolomān*
herein *long;* komme herein *tōlong,* plur. *autólong;* -rufen *faingīlong;* -lotsen *apäü = képai*
hergeben *aitíto*
herkommen *féito, móteto, íto, rigito, färégeto*
herrschen *åkünō*
herumlaufen *fátab, üschōi fétal*
herunter *fan; íto fan* komme herunter; herunterfallen *pūngetiu;* -schlucken *orumīlong;* -lassen *arápetiu*
Herz *bŭl;* Herzgrube *fänemuáramuar*
hetzen (einen Hund) *āisi*
heucheln *tiperū'ariu*
heulen (Hund) *ōrüör*
Heuschrecke *tågă*
heute *ränéi;* — früh 4 bis 6 *uénemoi rän;* — früh 6 *läsor maugu, läsor;* — früh 8 *läsor å'lauas;* — mittag *lääloas;* — nachmittag um 2 *läpăl;* — nachmittag 5 bis 7 *läfäf;* 8 Uhr *läfäf schos;* 10 Uhr *läfäf mau;* — abend *lābongī = bongenēi;* — Mitternacht *lūgenebong*
[*ei* = dieser]

Hexe *sóusou*
Hiebe *uáuuau*, *uáuti*
hier *igéi*, *igă;* hierher *ígal*
Himmel *lăng*
hinaufgehen *tötä;* -klettern *tángerutä;* -klimmen (mit zus. gebund. Füßen) *ăfitäk*
hinaus *lŭgün;* —! (raus!) *tŏuou* = hinausgehen; hinausweisen *abutáuou;* hinauswerfen *atarāuou*
hindern *allålomosch*
hinein *lål*, *long; ŏlă tólong* gehe hinein; hineinsteigen, durch d. Fenster *tŏtä lăl åsammóscho;* hineinlegen *ísalong*
hinken *mä eu pisch* (*en*) = tot ein Bein sein
hinlegen *sătiu;* hinstellen *aiŭtä;* hinsetzen (ein Kind) *amå'tiu;* — sich *måtiu*
hinten *muīr*
hinter *mŭrin;* hintereinander *murin éschai*
Hinterer *äp-i*, *-im*, *-isch*
hinterlassen *muétesengi*, *régisengi*
hinunter *tiŭfan; -tiū;* -steigen *tŏtiu* = *tötiūfan*
Hirsch *minåsch* (v. span. venado!)
hobeln *åschallū*
hoch *tékias*
hochstehend *ímmuer*
hochmütig *alŏlang*
Hochzeit *apulū'pai*
Hoden *söl-i*
Hof *melág*
hoffen *lŭ'güu*
hohl *ngăd*
Höhle *ngăd*, *lísang* (cham. *līجang*), *ímefai* (= Steinhaus)
Hölle *puŏ'lebuis* (aus *calabozo* span. und *puöl*)

holen *llå-buegi* (gehen bringen)
Holz, Bau- *irä* = *ürä;* Brenn- *åmusch*
Holzkohle *móli*
horchen *áüseling*
hören *róngerong*
Horizont *páılang*
Hose *kasūles* (span. calzones)
hübsch *muāmái*
Hüfte *ūg*
Hüftentuch *ă'päl*, *tŭ'güm*, (aus Hibiskusfaser) *tŏr*
Hügel *păl*
Huhn *málük* (cham. *manok*); Hühnchen *lísiob*
Hühnerzucht *malūkefäl*
Hülfe *tăpengi*
Hummer *ūr*, *aūtä*
Hund *golăg* (cham. *galago*); fliegender — *paischŏ'i*
hundert *ăbukiū;* 100000 *ăpingit*
Hundertfüßler *målibong*
Hunger *petjăi* (v. engl. appetite?) *ápetjai*
hungrig *petjai*, *kīf; opetjai* = *o ápetjai* hast du Hunger? *i săpetjai* ich habe keinen Hunger
Hure *uóschefä*, *lifăfä*
hurtig *kai*
husten *leláu*, *nenáu*
Hut *părüng*
hüten *năgenäg*, *lăgeläg*, *åmuena;* sich — *åfäli*
Hütte *náneso*, *īmuáneual*

I.

ich *ngang*, als Präfix *i-*
ihr *āmi*, als Präfix *au-*
immer *-schak* (Suffix)
in *lå*, *lă*, *lål*, *lån; lä im* im Haus; *löpuöl* in der Erde; *lål tipuas* im Bett; *läsosol* im Boden

Insel *tō̆;* Hochinsel *fáneiu schug;* Atoll *fanäpi*
irgendwo *eórmo*
irren, sich — *rug*

J.

ja *eā, iå;* ja gewiß *iå ēuer*
Jacke *ūf*
jagen *äschep* (mit Hunden); *päk sīlo* Schweine schießen; *schóu* (mit dem Netz) z. B.: *shṓu paischṓi* fliegende Hunde
Jäger *sou-äschep*
Jahr *räg;* dieses — *rägī;* voriges — *rägoe élå;* nächstes — *rägi e īto*
jährlich *álangan räg, räge me räg*
jähzornig *sōsong*
Jam *lågo;* -Steckling *mésen lågo;* Jam ernten *kĕ̄l lågo;* -Pflanzung *māt en lago*
jammern *sång ákabuas*
Jap *Āp*
Japan *Sepān;* Japaner *Respanēs, Rēsepan*
jäten *ólågu* (*mais*), *méleti* (*nü* Kokos), *uī*
jeder, jedermann *găl eu, găl ĕ̄schai áramas*
jemand *nē, ĕ̄schai nē*
je mehr desto mehr *sṓul* — *bual sṓul*
jener mir fern, dir nahe *emū;* uns beiden fern *elă̄*
jenseits *péiginān;* — des Flusses *peigil saschük mēgilal*
jetzt *ī̆gina*
jucken *kōt,* es juckt mich *ikōt*
Jugend, jung *ṓnegad,* bei Vergleichen *gīt; igite fåm* ich bin jünger als du
Junge *ätumuan;* junger Mann *álüal*
Junggeselle *álüal lī̆pisch*
Junges *äpéne* (z. B. — *uåke* Kalb; *ä. man åliel* Junges v. Vogel

K.

Käfer, Bock- *lisåsä;* Kanthariden- *ĕ̄re;* terminaliae (grün) *lipötemāu*
Käfig *ūn man*
kahl (haarlos) *mángofasch, schīmuimor;* (kurz geschoren) *görüfasch*
Kakerlak *matōlap*
Kalb *ap en uake, äpene uake*
kalfatern, ein Boot *pān*
Kalk *buĕ̄sch;* -ofen *umŭ̄nubuesch* -brennen *ūmu buesch*
kalt *fṓi, pắtapat;* sehr kalt *pắtekisch*
Kamerad *schånoă̄*
Kamm *rṓai*
kämmen *tĕ̄fă̄*
Kampf, kämpfen; allg. *fiou; måun;* Hahnenkampf *årup malük;* d. Spornmesser dazu *fōfal*
Kante *päi, päl, ngäschen* (*lamasa* Tisch-)
Kanu *uā;* Hochsee- *uā seråk;* einen Baum für ein Kanu fällen *amåt uā;* einen Baum für ein Kanu aushöhlen *fåla uā*
Kap *áilül*
Kapitän *sámol en uā*
kaput *fā'ir*
karolinisch *pagülo͡osch*
Karoliner *re pagülo͡osch*
Kasten *bår*
Katarrh *mōng*
kauen *lülü*
kaufen *ámöu, kåmö*
Kaufmann *sóu kåmö*
Kehle *ṓrong*

Kehlkopf *fáül órong*
kehren *pŏ'pŏ*
Kehricht *péipei*
Keil *ătiet*
kein *esår*
kennen *gŭ'lä*
Kennzeichen *gĭkil*
kentern *schap, aschápalå, pûtelå, schóulelå*
Kern *fáül, fáün*
Kerze *dángis*
Kessel *ráu*
keuchen *ăiemōr, ngásebō*
kichern *gékai må'lemål*
Kiemen *sĕpăl*
Kind *ăt*
Kinn *eăt*
Kirche *īm uan líos*
Kiste *bår*
Kitt *áppasch*
kitzeln *amuétegil, atígebō*
klagen (seufzen) *ngásetä;* (laut —) *sängákabuas;* (an —, sich be-) *schüngau*
klar *sáram* = hell; *făt* v. Wasser
klären *såg*, z. B. Busch klären
Klaue *ŭk*
kleben *pasch;* klebrig *pásch-epasch;* Klebstoff *áppasch*
kleiden *ámomongågo, mómongåg;* Kleidung *mongåg* (cham. *magågo*)
klein *gitikít*
klemmen *păt*
klettern *ätángerutä*
klimmen *tŏpai;* mit zus. geb. Füßen *áfităk*
klingeln *ă'tigi, ätitigí*
klingen (intr.) *tĭgfelă'ng*
klopfen *álöschü, alŏ'lüsch*
klug *lĭschou*
Klüverbaum *schûschü;* -segel *iu énemmuan*

knallen *alŏ'lüsch, lüsch, püng*
kneten *ángüt*
Knie *buguan pesch-ei;* knien *fátotiu*
knirschen *áringī*
Knochen *schü*
Knöchel *gúrubun pesch-ei* = Fuß-; g. *pei* = Hand-
Knoten *bŭgebug*
knüpfen *búgoi*
knurren *ngüngü*
kochen (intr.) *auáta, schan āuat* od. *éuat* d. Wasser kocht; (tr.) d. Küche besorgen *amŏ́t;* im Topf kochen *ráua*
Kochtopf *ráu*
Köder *ámol;* ködern *amóllă*
Koffer *bår*
Kohle *mólī*
Kokosnuß, allg., auch = Kokospalme *nŭ, lŭ;* ganz kleine Nuß *gurúbuschig;* klein und unreif *gurúb;* zum Trinken *sŏu;* zum Trinken und Essen *nü masŏu;* ganz reif, Kopra *schō*
Kokosnußbast *gŏsch;* d. Bastschale *pēijöl;* d. harte Schale *peisăg*
Kokosnußmilch *árüng*
Kokosnuß herunterwerfen *tökatiu nŭ*
Kokospalme *schipin nü;* tragende — *nü ka āua;* ganz junge — *nü fŏ;* -blatt *painü;* -pflanznüsse *óloschik*
Kokoskrebs *ăf*
Kokospflanzung *măt en nŭ*
Kokossaft (Tuba, Toddy) süß *mém;* sauer *muál*
kommen *ito, féito, rígito, farígito, muéteto*
Kompaß *lăng*
Konkubine *ămuar(ei), fáül(eei)*

können *mmuen;* nicht — *sä'-muen;* (wissen) *gülei;* nicht — *sägülei*
Kopf *schim;* -kissen *ülüng;* -laus *güu;* -weh (ich habe —) *emétäk schim-oi*
köpfen *gupi schim*
Kopra *schō, masósō;* — bereiten *ätikischo*
Koralle *faimarángerang*
Korb, allg. *léib;* Brotkorb aus Pandanus *botóu;* aus e. Palmblatt *schüg;* Korb flechten *faü schüg*
Körper *īneg*
kostbar *tóu*
kosten *mön* od. *tóuun* (wörtl.: sein Preis ist), Plur. *mör* od. *tóuur;* = versuchen *ăgüla*
krachen *llösch*
kräftig *mámau, schō*
krähen *gö'kō*
Krampf *tö'regō*
krank *semái* = *sămái;* verwundet *gilas*
Krankenhaus *īm en semái*
Kranz *muăr, muáremūar*
Krätze *mói*
kratzen *gerígeri, géreger*
kraus *mänger;* Krauskopf *schim uanger*
Krebs, Fluß- *leüröir;* Taschen- *ålimong* (Mangrove-), *rågum* (Sumpf-); Kokos- *ăf;* Meer- (Hummer) *ür, aütá*
Kreuz *krūs;* (als Körperteil) *lügüschāp*
kreuzen (lavieren) *aueleuel*
kriechen *töllau, tö*
Krieg *måun;* -sschiff *säinemåun*
Kropf *üubō*
Krücke *eóјō*
Krug *takŭa;* von einer Kokosschale *pör*
krumm *pår;* -beinig *péschepår;* x-beinig *buguéschu*
Krümmung *på'ron*
Krüppel (am Bein) *peschă'mä;* (am Arm) *páimä;* (bucklig) *sagûrepår*
Küche *målūm*
Kuchen (v. Mais) *sudásu*
Küchlein *lísiob*
Kugel (Geschoß) *fáünpek*
Kuh *uăke schábot*
kühlen *apatapáta*
kühn *ménat*
kümmern, sich *áfäli*
kundig *eó*
Kundschafter *schån émām*
künftig, -es Jahr *rägeka ebuito, rāge ebuito;* -en Monat *máram ebuito;* Adv.: binnen kurzem *ésebungi;* nach längerer Zeit *ātiuen bungi*
Kupfer *góbure* (span. cobre)
Kürbis *kalamása* (span. calabaza)
kurz *mmosch móschomosch*
kürzen *amoschálå*
kurzsichtig *ese uérilet*
küssen (nach Landessitte mit der Nase) *féisong;* mit den Lippen *atúmo*
Küste, steil *ascháuschau;* flach, sandig *piäpi*

L.

lachen *gekéi, făs*
lächeln *gekéi mánoman*
lächerlich *agékei*
laden (Gewehr) *áuta, áuteni (pek);* — auf den Rücken *ámuera;* — auf den Kopf *áümang;* — auf die Schulter *áüfar* = *ámuar;* — an einem Stock auf die Schulter *ámuar påluel;* — auf einen Wagen, einen Ochsen *áüta*

Ladung, Wagen- *ütünan kareta, buégian kareta*
Lagune *nåm*
lahm *mä eu pesch* (auf einem Bein)
Lampe *abúlebul*
Land! *āna fáneu!*
landen (mit dem Boot an Land fahren) *ítilong uónefaneu* = *tiūlong uónefaneu*
Landmann *sou māt*
Landsmann *rē fanüuei* (von meinem Land)
Landstreicher *īmuschői*
Landungsbrücke *őrór*
lang *ålai, lālai*
lange *ébungi, ābungi*
langsam *-muai* (Suffix); langsam gehen *mótemuai;* langsam sprechen *kepásemuai;* langsam! *amåü! milimāi*
Lanze (Kriegs-) *síles;* Fischspeer *tou en īk*
Lärm, lärmen *ágürang, abüpüng, åkabas*
lassen (zu-) *sélenga;* (= befehlen) *åkünö*
Last, (Trag-) *buégi, aifar;* (Wagen-) *ütünan, buégian kareta*
Laune *tipärū'eru*
lauwarm *éseiénebuésch*
laufen *fåtab, muét, farígerig*
Laus (Kopf-) *gūu;* lausen *fă'git*
laut sprechen *képas túmog*
läuten, *ă'tigi*
lavieren *auéleuel*
Leben *menáuan*
leben *ménau;* er lebe hoch! *menaută' menaulå'!*
lebendig *mánemenau*
Lebewohl sagen *å'bung*
Leber *ă'sel*
Leck, lecken *lăsch*
lecken mit der Zunge *túmuri*
Leder *gílin uāke*
ledig *lípisch*
leer *pö, pől;* leer trinken *apőu lă; ünemī lă*
leeren *alīa, alípa*
legen *ísål, sälīlă, onótiu;* weg- *isålă;* nieder- *isătiu;* auf- *isätä* (z. B. Holz); hinein- *isållong;* auf die Seite — *apägiéki* (Boot, Mensch); sich — *ónolă, úlå*
Leguan *galūf*
lehren *ábungü, agûküla, kåbüng*
Lehrer *sou kåbüng*
Leiche *mánemå*
leicht, v. Gewicht *pél;* unschwer *méscheräg*
leichtsinnig *esåfäli*
leiden (= erlauben) *sélenga;* (= dulden) *tō;* (= gern haben) *åfischi;* (nicht gern haben) *ese äfischi* = *åbuta*
leihen *présta* (span.)
Leine *eå'*
leise (-sprechen) *kepas egít, kepas emuái*
Leiter *atő'tö*
Lendenschurz (aus heim. Stoff) *tőr;* (aus eur. Stoff) *tūgüm ăpäl*
lenken *némēni*
lernen *kå'büng*
lesen *eră'geräg*
letzte, der *aigûgün*
leuchten *étin, éuer;* (jemand —) *áuer*
leugnen *å'pă*
Leute *schå;* Leute von Ponape *schåne Fānepi;* viele Leute *schåsóu;* (Einzahl, d. h. ein Mann von Ponape) *eschai rē Fānepi*
Licht (= Helle) *séram;* (= Kerze od. Lampe) *abūlebul*

lieben *fáiȫ;* (schätzen, gern haben) *ā̆fischi*
Liebling *kā̆fisch*
Lied *fōl*
liegen (= sich befinden) *éno;* (auf dem Ohr —) *ōne seléng;* (auf dem Bauch —) *ōne schăp;* (auf der Seite —) *ōne pēgiek;* (auf dem Boden —) *uon, uon lă, uóllă;* was liegt mir daran! *inā̆mo = inā̆schak*
Limone *lṓmul;* -baum *schipi-lṓmul*
Linie *tā̆l*
linkisch *ruorū̆ngau*
links *pegi schå̆bot;* links um! *la pegi schåbot*
Lippe *tū̆u, tüuáu(-ei)*
List *eópasch*
loben *afáeg, ī̆täpil*
Loch (z. B. im Kleid) *ngāt;* (Grube, Pflanzloch) *lī̄ban*
locken *faingi*
Löffel (aus Kokosschale) *ā̆tiet*
Lohn *abå̆s* (v. cham. *ápas*)
löschen (Feuer) *gunū̆lă anget*
lose (= wackeln) *bángebang;* (Seil —) *buaisäg;* der Hund ist los *golāg amuḗla;* loslassen, -machen *buaisī̄, buaisī̆lå̆, ligi-tā̆lă, ámalüā̆la*
loten *atóu, apöu lelå̆la* (die Tiefe messen)
Lücke *apū̆ngelă*
Luft *ā̆ng*
Lüge *mī̄s;* lügen *átubu, atúbu-tup, mísimis*
Lügner *mān mísimis*
Lump *ímuschöi*
Lumpen (Putztuch) *muete ren mongå̆g*
Lunge *ferīeoa*
lustig *meséig*

M.

machen *föri*
Made *ilṓpisch*
Mädchen *ätaschå̆bot, fá̆bul*
Magen *tā*
mager *gū̆l*
mahlen *igéig*
mahnen *fölḗu*
mal *fän* (ein- *eufän,* zwei- *ruo-fän* usw.)
man *rē; rē ápasa* man sagt
manchmal *fän akā̆u*
Mangel, mangeln *må̆l; i må̆l* ich brauche; *āros* (= fertig, zu Ende) *āros ōt* es ist Mangel an Taro
Mango, Mangga (= Cham.)
Mangrove *schī̆a, eṓng;* -busch *leīn schī̆a*
Mann = männlich *muän*
Marke *gī̆kil*
marschieren *féil, få̆reg*
mäßig *på̆s*
massieren *schö̆gi, schöschö̆'gi*
mästen *ā̆buetäi*
Mastbaum *āü*
Matte (Schlaf-) *gī̆ägi*
Maul *lāü;* halt's —! *alū̆gülä lā̆üom!*
Meer *sät;* — innerhalb des Riffes *lälå̆m;* tiefes — *lā̆metau*
mehr *tíuen esóu;* — als *tuen-muan*
mehrfach *auasōn*
meiden *liueki; mḗresengi* (= auseinandergehen)
meinen *mengi;* ich meine *mḗli*
Meineid *akapalángau*
Meinung *méngemeng*
Meißel *gṓpulu*
melden *éngeni*
melken *únguti, uóngeuong*
Melone *mélon;* Wasser — *sä-lī̆a* (span. sandia)

mengen *aschŭfengeni*
Mensch *áramas*
merkwürdig *asarómang*
messen *apŏu, kắpŏ*
Messer *sār; Taschen- sār relos* (= Uhr)
Meuchelmord *nnī me neoắlå*
Milch *tŭt*
milde *tŏng*
mischen *aschu, aschŭfengeni*
mißbilligen *abŭtä*
mißmutig *lắlomosch*
Mist (Kuh-) *pän uắke, alóu en uắke*
mißtrauen *sälŭgiu*
Mißverständnis *rongerong engaŭ*
mit *tabuei;* gehst du mit mir *obue tabuei-ei*
Mitleid, -ig *tong, fáiŏ*
mitnehmen *buégi, buébog*
Mittag *läắloas;* -essen *múngån ắloas*
Mitte *lŭgulap;* mitten in *lŭgulapal*
Mitternacht *lŭgenebong*
mitteilen *éngeni*
Mittelfinger *aitulŭg*
Möbel *aschauar*
mögen *äfischi, típali*
möglich *ēbue ḿmŭen*
Mond, Monat *máram;* monatlich *álangan máram;* letzten Monat *ren marámue ĕlă;* Neumond *sigóuru;* erstes Viertel *éfeneg;* Vollmond *bongelimmasch;* letztes Viertel *ómälĕ* Mondfinsternis *maram oschosch*
Mord *nni meneoắlå, nni fetắlå*
Mörder *sou ennī*
Morgen, -s 4–6, Dämmerung *uénemoi rän;* kurz vor Sonnenaufgang *läsor maugu;* bei Sonnenaufgang *läsor;* gegen 8 *läsor ålauas*
morgen *lắü;* morgen früh *lắü lăsor*
Mörtel *meskla* (span.)
Möve, Kormoran *ắmå,* schwarze — *guyugắg;* Tropikvogel *sŭk;* weiße *kiäki*
Mücke *lĭken, nåm,* [cham. *njamo*] *nåmókü;* -netz *taunăm*
müde, von der Arbeit *äschig, käschig;* vom Laufen *mōr;* überdrüssig *lắlomosch*
mühsam *náiräs*
Mulde *áürä*
mürbe *méschetor*
Mund *au* (immer mit Pron. poss., also: *auei, -īm, -ăn, -asch, -ămi, -ēr; lắü; alŭgülä lăüom!* halte den Mund!
Mundvorrat *pai mungo*
murren *ngŭngi:* mürrisch *lắlomosch*
Muschel *áimet, gắtil* (*tå* Tridacna); -schale *pön áimet;* -horn *sáui*
müssen: mit Futur auszudrücken, z. B.: *óbue fŏrtschak* du mußt (wirst) das tun
müßig *esắr ángang*
mutig *ménat*
Mutter *īn;* -brust *tŭt*

N.

na! nanu! *ŭua! ieoa*
Nabel *bug*(*-ei* usw.)
nach (Richtung), nach Norden *lá-éfang;* das Schiff fährt nach Jap *uă ebuela Ap;* (zeitl.) nach 3 Monaten *múrin ilŭmaram;* nachdem, nachher *ngere atak* (= wenn fertig), *muir*
nachdenken *mengi*
nacheilen, -laufen *fatabuélå*

nachfolgen *fátabue;* (im Amt) *líuelī*
Nachfolger *líuel* (*-i*, *-īm*, *-īn*)
nachforschen *ắguba*, *éibă*
Nachlaß (Erbschaft) *muétesengi*, *regisengi*
Nachkommen *muīr*, *gīt*
nachlässig *lügülap*
nachmittag gegen 2 *läpål;* 5—7 *läfắf*
nachreden (übel) *ngülengül*
nachsehen (beaufsichtigen) *áfäli*
Nacht *bong;* es wird Nacht *ábong;* nachts *läbong*
Nachteil *ese lómot*
Nacken *schäpenīu*
nackt *säuasch*
Nadel *tīgeg*
Nagel *tüfal* (Drahtstift); Holz-*tüfal īrä;* Fingernagel *kü-i*, *-m* = *ük-i*
nageln *tűfaliu*
nagen *géreger*
nahe *ắarap*, nahe bei — *ắ'arap ángeli* —
nähern, sich *aarápeto*, *aarápuou*, *méruou*
nähren, sich = Nahrung *mungo*, *mómungo*, *ángi*
Nahrungsmangel *lángeta*
Name *īt*
Narbe *mål-gilas*, *mån äl*, *peiniäl*
Nase *puot* (*-ei*, *-om*, *-un*)
näseln *puotngíngi*
naß *tŏg*, *schetán;* naß machen *átugu*, *aschétanü*
Nebel, neblig *áreboăt*
neben *árol;* — mir *aroi*, — dir *arōm*, — ihm *arōn*, — uns *arosch*, — euch *áremi*, — ihnen *arōr*
necken *ắffas*
Neffe *faten*

nehmen (an-) *salamī;* (weg-) *buegīla*, *buegi sengi*, *engiāla*
nein *sāb;* nein gewiß nicht *sāb esēila*
nennen *âită*, *aitéit*
nervös *uáitag*
Nest *fåsafas*
Netz, Stock- *ăting*, *rőpolap;* kl. Netz an Stangen *schău*, *schőu*
neu *fŏ;* Neujahr *rắgefŏ;* Neumond *sigóuru*
neugierig *éiegmau*
Neigung *ắfischi*
neun *tüu*, *tüuman*, *tüuou*, *tüufai*
neunzehn *seik me tüuou*
neunzig *tuăk;* 900 *tüåbukiu;* 9000 *tüuangeras*, 90000 *tüusel*
nicht *ése*
Nichte *fáten*
nichts *esår*, *ésetau*
nichtswürdig *maneléu*
nicken *schītim*
niederlassen sich, ansiedeln *re-uasŏ'lă*
niederstürzen *amå'telă*, *apűnge-tiu*
niederreißen *amotjålă*, *atorắ'tiu*
niederwerfen (e. niederwerfen im Kampf) *apü'ngü*
niedrig *móschomosch;* (gemein) *maneléu*
niemals *eså'remo* = nirgends
niemand *ese kescháimo*
nießen *műsi*
nirgends *eså'remo*
noch einmal *buăle fan éu*, *buăl*
noch nicht: es ist noch nicht fertig *esänemol*, *esänemólmo;* ich bin noch nicht fertig *i esänemol*, *i esänemólmo;* er ist noch nicht hier *i esenōno igei;* fange noch nicht an *oto gupål bólüu*

Norden *éfang, péigită;* 30°: N zu O *éfange lēäs;* 330°: N zu W *éfange läson*
Not (Armut) *lángeta*
Notzucht *kåscho, amāi*
nötig haben *mål*
nüchtern *fanefánemŭai*
nur *-schak;* (Suffix) *ülûfaischak mark* nur 3 M.; *éschaischak muan* nur ein Mann; *äläschai* nur einer; *äläriuschai* nur zwei
Nutzen *lómot;* nutzlos *sälómot;* Nutzpflanze *fāt ebue lómot*

O.

ob *ngĕre*
oben *uēlang*
Oberschenkel *ŏfŏ, schipin pesch-ei*
oder *ĕre, ngĕre*
Ofen *fĕlang;* Back- *ūm;* Ziegel- *ūmúnŭbuesch*
offen *sūgeg*
öffnen *sugīlå*
oft *åsou, ĕsou;* nicht oft *ĕsesou;* oftmals *afänésou*
ohne *esår*
Ohnmacht *lalango*
Ohr *seleng-ei*
Ohrgehänge *schīu*
ohrfeigen *pĕgiri*
Öl *lŏ;* ölen *ăpäti, ăpäti-lö*
onanieren *īr* (refl.)
Orange *gŭrugur;* bittere — *gúrugurenoăl*
ordnen *ămuena, ámuena gåtjú, feschi, förifeschi*
ordentlich *lĭm*
Ordnung *ămuen*
Ort *melăg*
Osten *ŏtiu, péigilong;* 60°: O zu N *ötiu-ör,* 120°: O zu S *ötiu éfang*
oval *ŭlēlai*

P.

paarig *apáleuen;* unpaarig *ese-páleuen*
Paddel *fåtül*
Palau *Pålöi*
Pandanus *fāsch, faschéneual, pógū*
Pantoffel *lóga* (cham. *doga*)
Papaya *boibai*
Papier *īsch;* ein Blatt Papier *schön īsch*
Passagier *schå'ilå*
passen: es paßt mir *i äfischi;* es paßt mir nicht *i å'buta;* (Anzug) *fere;* es paßt sich nicht *éselĭm, esegau*
Patient *mánesemāi*
Patrone *áutone pek*
Peitsche *láulou;* peitschen *láuti*
Penis *sä-i, -m*
Perle (v. Glas) *bŭl, usóus*
Perlmuschel *buéi*
Pfad *alaischik*
Pfahl *schŭl*
Pfeffer (Paprika) *amuīk, lóne* (cham. *done*)
Pfeife (Tabak-) *sigållŏ*
pfeifen (mit einer Pfeife) *títig, ă'tigi;* (mit dem Mund) *åuă*
Pfeil *fletscha* (span.)
Pferch *gólal* (span. corral)
Pferd *gebāiu* (cavallo)
pfiffig *lischou*
Pflanze *fåt, uáleual*
pflanzen *fetăg, fåt, fótegi, fóti*
Pflanzung *māt*
Pflanznuß (Kokos-) *óloschig, nüfŏ*
pflegen *ămuena*
Pfosten *ūr*
pfui! *lóu, ilou!*

Pfütze (Taro-) *meschŏr*
pissen *sīr*, *ameắu*
Plage, plagen *áinama*
platt *schapap*
Platz *melắg*
platzen *lŏschelå*
plötzlich *eō; émuet eō to samol* plötzlich kam der Häuptling
plündern *gūl*
polieren *ăteni*
Ponape *Fånepī*
Portion *inắt*
Posten (Wach-) *schån năgenäg, schån lă'geläg*
prächtig *lĭng*
prahlen *engīlap*
predigen *fŏn*
Preis *mö-n, -r*
preisen *afắeg, ītäpil*
pressen (mit der Hand) *uóngeti*, (mit einem Brett) *äpĕta*
Priester *souläng*
Proviant *pai mungo*
Prozeß *äsch;* prozessieren *schūn-gau*
prügeln (mit der Hand) *pégiri;* (mit der Faust) *tugū;* (mit dem Stock) *láuti, galúti*, (cham.) *níschi, ábuli;* (sich —) *fīou*
Pulver *puöl en päk*
pünktlich *ürū'regad*
putzen (waschen) *talü;* (Nase —) *fúngori;* (sich —) *auắlüä*

Q.

quälen *áinama, äkáinama*
Qualle *límotong*
Quelle *schắnebu*
Querbalken *éüscham;* Querlatte *ắ'pengeg*
quetschen *ắpeta, uóngeti;* sich — *pắt*

R.

rächen *auamö*
Rand *ngäsch, uŭ'nekün, päi, päl*
rasieren *gürün ålüs, göregöre*
raten *åså'bolig*
Ratte *kesch*
rauh *mangerenger*
rauben *moscho*
Räuber *manemóscho*
Rauch *atün-anget, borắt, buắt*
rauchen (Feuer) *átün, borat, buat;* (Tabak) *ün suva; isåb ün* ich rauche nicht; *i sä ükün* ich bin Nichtraucher
Raupe *mūl, mūn*
räuspern *ánger*
rechnen *pắngi*
Recht, recht *ĕgad;* ich habe recht *i ắlet rei;* du hast recht *i älet rem*
rechts *péigi muan;* rechts um *lapeigi muan*
reden *föl, fön, kĕpas*
Regen, regnen *óschou;* Regenzeit *oschóuschou*
Regenbogen *resīm*
Regenmantel *mongå'gon fän-oschou*
Regenschirm *påjo*
reiben (sich) *tatắfi;* (auf dem Reibstein) *amắta, igĕig*
reich *ousä*
reichen (dar-) *aitíngeni, aitīto, isåto, ngắto*
reif *mão, masch*
Reihe *täl, tälin, ētäl*
Reiher *gŏrŏ, ắ'schen*
rein *lĭm*
reinigen (fegen) *pŏ'pö;* (waschen) *talü;* (baden) *tūtü;* (von Unkraut) *ólågu, mĕleti*
Reis, ungeschält *fåe;* ungekocht *pūgas;* gekocht *hin-egsa* (alles

Chamorroworte); Reis schälen *ügūg*
Reise, reisen *sāilå; Reisender schå'ilå*
reißen *tārenga*
reiten *tă'ta*
reizen (Mensch oder Tier) *asónga*
Rest *lŭsun*
retten *tă'pengi, schŭni, schåni*
Reuse *ū*
richtig *ă'let, éuen*
riechen (trans.) *tõngü; (intr.) bō buō; gut — buóngas; schlecht — buómasch, bóngau*
Riemen (Boots-) *schăp*
Riff *ōsch*
Rind *uåke* (span. vaca)
Rinde *gilin uáleual*
Ringfinger *aitesebueg*
Ringwurm *gilísabou*
Rippe *schü ră'rä*
rissig *tăreng*
Ritze *ngād*
roden *såk*
roh (Fleisch) *émas*
Rohr (Schilf) *åsang;* (Bambus) *buāi*
rollen (z. B. ein Faß) *asågepelī;* (Geld) *tŭgemi*
rösten *åbuschi;* zwischen heißen Steinen *ūm*
rot *pårapar, búlebul;* blutrot *tjā*
rücken (Platz machen) *arápuou, engéuou*
Rücken *lügüpagür, sågür*
Rückgrat *lügüschăp*
rückwärts *méresefäl*
Ruder (Riemen) *schăp;* (Paddel) *fátül;* (Steuer) *mŭrimuir*
Ruderer *sou fátül;* -mannschaft *schåschăp*
rufen *faingi*
ruhen *asösö;* ruhig! *ålüg! alŭgüla!* rührt euch! *mågüt!*
rühmen (sich) *engīlap*
rülpsen *gŭ'rör*
rund *úlul;* ganz rund *ulúlemuröl*
rupfen (ein Huhn) *tarāüna*

S.

Säbel *páschemäsche, uåsēi*
Sache *pīseg*
Sack *gótel*
säen (einzeln) *fåt;* (breitwürfig) *ă'päräs*
Saft *schanün*
sagen *ūră* (ich *iüra;* du *óira;* er *ŏira;* wir *süra, äüra;* ihr *auüra;* sie *reüra*); *éngeni*
Säge *ră'ră;* sägen *ră'i*
salutieren *åtirou*
Salz *asīg;* salzen *asígai;* salzig *asígebut*
Samen (Pflanzen) *fåt;* (menschl.) *uăt*
sammeln *ŭoni*
Sand *pī*
Sandalen *lóga* (cham. *doga*)
sanft *méschetor*
Sarg *bår*
satt *mat, åmat*
sauber *līmefisch*
sauer *muăl*
säuern *emuállå*
Säufer *lisóubulās*
säugen *alŭt*
Savanne *åsang*
schaben *göröti*
schaden *fäirei;* schade! *eätjig! eferätjig, ätjigan!* schadet nichts! *inåmo!*
schädlich *engau*
Schale (Frucht-) *gīlin*
schälen *búrungi*
schämen (sich) *sāu;* schamlos *esesāu*

Schamhaar *gŏr*
scharf *keng;* scharfsichtig *uérilet*
schärfen *ăkengi, säimi*
scharren *kŭp*
Schatten *ńnür*
Schatz *ámuar, faül* (Geliebte)
schätzen *âfischi*
Schaufel *på'lă* (span.)
Schaukel *ülŏil;* schaukeln *aülöila*
Schaum *bŭrubur*
Schere *tihéras* (span.)
scheren *görŭ, epágüu, sülū schimei;* kurz geschoren *görŭfasch*
Scheide (des Buschmessers) *buainan sápasap*
scheinen (Sonne) *tĭn;* es scheint mir *méli*
scheißen *álóu, pă*
scheitern (auf ein Riff) *äpas uéneuosch;* (auf den Strand laufen) *äpas uenefáneu (uenepī)*
Schelle *pārang gitikīt*
schelten *sōng*
schenken *äiâi*
scherzen *ägékei*
scheuchen *ălaua*
schicken (einen Boten) *ăkünö;* (einen Brief) *melå'lå, afangálå*
Schicksal *fäi*
schieben *tĭngi*
schief *pår*
schielen *ă'lif*
schießen *păk*
Schießpulver *puöl en păk*
Schiff (allg.) *uă;* (Schuner) *nánesa*
Schildkröte (die echte) *ongemau;* (die grüne) *uōng;* Schildkröten fangen *äsâre uong;* Schildpatt *bŏsch*
schlachten *nnī*
schlafen *maür;* (einnicken) *átöl*
Schlafdecke *āos;* Schlafmatte *giägi, gi-ei, -em*
Schlaflosigkeit *mesål*
schlagen (mit der Hand) *tugū;* (ohrfeigen) *pégiri;* mit dem Stock *uīschī;* (auf das Gesäß) *láuti;* (mit dem Messer) *fălă*
Schlamm *meschŏr*
schlapp (faul) *tóu;* (lose) *bángebang;* (biegsam) *puópu*
schlau *lĭschou*
schlecht *ngau, engau*
schleichen *âllĭf, ânnĭf, muétemuai*
schleifen (Messer) *säimi;* (auf der Erde) *ürür tap*
Schleuder *äül*
schließen (eine Tür) *tilå̊, iapĭlå̊, apûngülå̊;* (beenden) *atakålå̊, amålålå*
Schlinge *sser*
Schlucht *saschuk, fō'loa*
schlucken *órumi*
schlucksen *mătör*
schlummern *átöl*
schlüpfrig *mítimiti*
Schluß *átak, āmål*
Schlüssel *iápī* (span. *llave*)
schmackhaft *ńnō*
schmal *aischik*
Schmalz *luī*
schmecken (tr.) *alélia, léri;* wie schmeckt das? *efaisül lelål minen?* (intr.) gut *ellö = ennö;* schlecht *esennö*
schmelzen (tr.) *auétja;* (intr.) *schānelå̊*
Schmerz *mĕtäk;* es schmerzt mich *i mĕtäk*
Schmetterling (Tag-) *libuéibog;* (Nacht-) *ås*
schmieden *ätíngi, ügü*
schmieren *talüngenü*
schmollen *buai, schimeraurau*

schmücken *älinga;* sich — *audlüa*
Schmutz *puöl* (= schmutzig)
Schnabel (sein) *au-(an)*
schnäuzen *fúngori*
schnarchen *tüngorongor;*
schneiden *ülä: i ülä aitinepei* ich habe mir in den Finger geschnitten; abschneiden *pagülä* (den Finger abschneiden); *ulälä* (ein Stück Brot); mit der Axt *fälä;* Haare schneiden s. scheren
schnell *kai;* — gehen *muétekai;* — sprechen *kepásekai*
Schnepfe (Bekassine) *līegag, liáupelig, golīng*
Schnupfen *mōng*
Schnur *eå, ålål*
schnüren *gölíngeni álål*
schon *-ā-*, *e ānō igei* er ist schon hier; schon lange *me lām, me īgue; amol eschak me lām* es ist schon lange fertig; schon wieder *lābual*
schön *gad, égad*
schonen *ä'schengi*
auf den Schoß nehmen *amå'ta uan pesch-ei*
schöpfen (Wasser) *ä'tifi;* (Kanu ausschöpfen) *åmata nümâi*
schräg *pår*
Schreck *rü*
schrecklich *arürü*
schreiben *īsch, ischī, tilīgia* (cham. *tinige*)
schreien (laut sprechen) *åbuas, ākabuas;* (vor Schmerz) *ngüngü, öriör;* (Kinder —) *säng;*
Schreihals *lisängesäng*
Schuh *tabåtos* (span. *zapatos*)
schüchtern *mésäg*
Schuld (moral.) *īsou* (cham. *isau*); du hast Schuld *en o īsou*

schulden *dībe;* (span. *deber*) *e dībe rei ruäk Mark* er schuldet mir 200 Mark
Schule *īm en kåbüng*
Schüler *schån kábüng, ätenmeláitai* (cham. *manaitai*)
Schuner *nånesa*
Schulter (meine) *aifar-(ei)*
Schuppe *ün en īk*
schüren *apula anget*
Schuß *püng en päk*
Schüssel *sépi*
schütteln (eine Flasche) *åloma;* (einen Baum) *üschügü amuaischü*
Schütze *schån päk*
schützen *täpengi*
schwach *sīlang, ese måmau*
schwanger *böbo;* schwängern *aböbou*
schwank (Rohr) *puöbu*
Schwanz *åschepen*
schwarz *schétol*
Schwätzer *sóukepas*
schweigen *alügüla*
Schwein *sīlo;* Wild- *silóual;* -jagen mit Hunden *äschep silo*
Schweiß *månian, må'liol*
schwer (von Gewicht) *töu;* (schwierig) *eseméscheräg, uáiräs*
Schwester (meine) *bu(-i)schåbot*
schwimmen *eäf;* (im Hundeschritt) *eafeschingesching;* (mit ausgreifenden Armen) *īl*
schwindlig *muåliel, mågúlegul schim(-ei)*
schwitzen *månian*
schwören *åkapal*
sechs *ōn, onōu, onoman, ōnufai;* 16 *seik me onou;* 60 *onéik;* 600 *onåbukiu;* 6000 *onángeras* 60000 *önusel*

See (Meer) *sät;* hohe See *nå;* Seezeichen *bálīsa* (span.)
seekrank *mäilölö*
Seele *ngŏn, ngŏl*
Segel *ámara, īu;* — setzen *aürütä ámara, äfitä ámara;* — reffen *ăkit ámara;* — einholen *täütiu, aürătıu ámara*
segeln *īueu seräk;* Segelschiff *uă īueu;* Segeltuch *brĭn*
sehen *uĕri*
sieh da! *ueri! pipi!*
sehr *ígil*
seicht *mmăt*
Seife *ábuil*
seihen *ínün*
Seil *säl, äméi;* — machen *pin äméi*
sein (poss.) *naün, năn, eăn, -n, -ăn*
seit Langem *ábungi;* — Kurzem *esébungi;* — wann? *eá ilăta, ea inăta;* — dem *īga*
Seite *péig, péli*
selbst *-schak épukiu* (sich —); er hat sich selbst getötet *ischak épukiu nnīlă*
Selbstmord *nnīfĕtă*
selten *ésesou*
senkrecht (hängend) *uéletáretiu* (stehend) *ueletáretä*
setzen (jemand) *amåta;* sich — *måt, må'tiu*
seufzen *ngásetä*
sieben *füs, fisóu, füsuman, füsifai;* 17 *seik me fisóu;* 70 *fisīk;* 700 *fisübukiu;* 7000 *füsángeras;* 70000 *füsisel*
Siebengestirn *muă'riker*
siegen *apüngü*
singen *kŏl;* (die Vögel) *títik*
sinken (Schiff) *pûteliu, schóulelå*
Sitte *för, föfŏr*
sitzen *måt, måtiu*

Skelett *schün áramas*
so (wie dies) *iénesun;* (wie jenes) *ináusun;* nicht so (wie dies) *esīne;* (wie jenes) *esináusun*
sodann *ngĕre átak*
sofort *iginăschak*
Sohn *ătumuan;* (mein — *nei ä,* dein — *nom ä*)
Soldat *áramas en måun*
sollen (durch das Futurum auszudrücken) *ībue, ōbue;* nicht — *īto, óto, áuto*
Sonne *ă'let, eål*
Sonnenfinsternis *ălet óschosch*
Sonnenschein *tínin ălet*
Sonntag *rän en fél*
sonst *buĕ*
Sorte *ánün, ulúlun*
spalten *tílingi, âtipa*
Spanier *re Sepaiól;* spanisch *sepaiól*
spannen *ämáina*
sparen *īsan*
spaßen *ägékai*
spät *gúmuir; eă gúmuir* es ist zu spät
später *bábual*
spazieren *färágefetäl, mŏtaiül* = *mŏtanün* (v. cham. *umotatnon*)
Speer *síles*
Speise *mungo, an-* (*anåm* dein Essen)
speisen (jemd.) *ámongou*
Spiegel *pípi;* sich im Spiegel betrachten *pipī* (*-ei, -k*), *īrong* (*-ei, -uk*) (ich-mich, du-dich)
Spiel *ŏkur* (= spielen); (Musik —) *ätítik, ă'tigi*
spitz *méschekeng*
Spitze *méschen, såbon*
spitzen *săimi*
Splitter *să'tip en ürä* (Holz-)
spotten *auŏumau, aumau, áffas*

Sprache *kḗpas* (*en Pagüloosch* karolinische —, *en Mariāles* Chamorro —)
sprechen *kḗpas*
springen *llūs*, *tŏ̄r*
spritzen (mit Wasser) *utíngeni schan*
spucken *ắtuf;* (hörbar —) *gekấk*
Spur *īb*, *gūb*
Staar (Augenkrankheit) *ün en īk*
Stamm (Baum-) *schipinuắleual*
stampfen (Reis) *ügüg;* (mit dem Fuß) *būbůreg*
stark *mắmau*, *schō*
Stärke (v. Aroru) *mắgemag*
staunen *sarŏ̄mang*
stechen (mit Messer od. Speer) *tŏ̄u*
stehen *ū̆*
stehlen *pīraf*, *mŏ̄scho;* (mit Objekt) *pirifă*
steif *temáu*, *tĭf*
steil *alügûpag*
Steilküste *ascháuschau*
Stein *fāi*, *fāu;* steinig *fáifai*
stellen *fåtegītiu* (= nieder-); *fåtegitä* (= auf-)
sterben *mālå*
Stern *fū̆*
Steuer *fắtülebūbu*, *múrimuir* = steuern
Steuermann *sou múrimuir*
Stiel (vom Blatt) *ḗschan*
Stier *uắke muan*
Stiftenkopf *görū̆'fasch*
still *schå'reg;* still! *alū̆'güla!*
stinken *bŏ̄masch*, *buōmasch*
Stirn *schamu-ei-um*, *mong-ei-om*
Stock *ū̆'rą̈*
stolpern *pŏ̄s*
Stöpsel (einer Flasche) *píne-pinā̆'lö*
stören *allálomosch*
stoßen *tŏ̄u*
Stoßeisen (Ackerwerkzeug) *ŏ̄lå-gū*
Strafe *ắ'ppät;* strafen *âppäti*
Strand *läpī;* Strandläufer (Vogel) *golīng*
stranden (auf ein. Riff) *äpas uene uosch;* (auf einem Strand) *äpas uene pī*
Straße *āl*
Strauch *uắlekit*
streifig *ăriere*
streiten *fiou;* (tätl.) *tŭg;* (mit Stöcken) *uīschi;* (mit Messern) *fălă*, *sareu*
Strick *säl áischik*
Strömung (im Meer) *fángosch*
Stück (Brot) *gīnegin*
stumm *sŏ̄robusch*, *mánobusch*
stumpf (ohne Spitze) *păk;* (ohne Schneide) *kŏ̆b*
Sturm *mắlemal*
stürzen (auf ebener Erde) *pǖn-gelă*, *må'telă*
(ab-) *püngetiu*
suchen *gǖt*, *güta*
Süden *ŏ̄r*, *pḗgitiu;* 150°, S zu O *ōre leäs;* 210°, S zu W *öre läson*
Sünde *īsou* (cham.) = sündigen
süß *mĕ̄m*
Süßkartoffel *kamúte;* -Acker *māten kamute*
Sumpf *meschŏ̄r*

T.

Tabak *sūwa* (span. *chupar*), *tamắk;* — säen *äpäräs suwa;* — verpflanzen *fåt suwa;* -samen *fáün suwa;* -pfeife *sigállŏ̄*
Tabu *tåb*, *fĕ̄l*
tadeln *songăti*
Tag *rān;* guten — *rắnemai!*
tagen (Tag werden) *ā rān*

täglich *álangan rắn, rắnin me rắnin*
Tags *lä rắn*
Tagelohn *abåson ä rắn*
Taifun *mắlemal*
Tal *āreare*
Tante *tīa* (span.)
tanzen *buai*
Tanzstock *gúrugur*
tapfer *mḗnat*
Taro *ōt;* -pflänzling *pag en ōt;* -feld *meschór, puöl;* — holen *ūiŭ ōt*
Tasche *bốrĕsă;* -tuch *buắjou* (span. *paño*)
Tasse (aus einer Kokosschale) *schúschu*
tasten *gốtăp*
tätig *schū'äfisch*
tatoieren *mắk*
Tau (Seil) *äméi, sål*
taub *seleng ḗpüng;* Taubheit *līselengắpüng*
Taube *såbóiobol* (d. Papageien-); *palūma buéschebuesch* (die weiße —)
tauchen (jmd.) *ắmobu;* (selbst) *tūfi, tūlong;* (im tiefen Wasser) *péig*
taufen (christl.) *kiritiálu;* (Namen geben) *aitēit*
taugen *gắd, eor épetan;* nichts — *ngau, esår épetan*
tauschen *līuĕli*
täuschen *åtubu*
tausend *sángeras*
Tausendfuß *mắnebong*
Tee *tchā*
Teil *inắt*
teilen *ī̆näti, áinet*
Teller *să'pi*
teuer *tóu*
Teufel *ánü*
tief *lolål*
Tier *mān*
Tintenfisch *gūs*
Tisch *lamāsa* (cham., span.)
Tochter *ätaschåbot*
tönen *tī̆tig*
Topf *råu*
töricht *ümang*
tot *mä*
töten *ünī, nnīlå; óto ünī áramas* du sollst nicht töten
träge *ataróa, schḗuarau*
tragen (auf dem Kopf) *áümāng;* (auf der Schulter) *áüfar;* (auf dem Rücken) *ámuera;* (ein Kind) *atốu*
Träne *schān en mas*
tränken *áünü, -m, -r*
trauern *sắngeti;* traurig *pă'i*
Traum *tjḗla*
träumen *tjăn, tjắl*
treffen (beim Schießen) *ắl;* ins Schwarze *äl lúgulap*
treiben (ein Tier) *ắlaua;* (Boot) *mắnelă*
trennen *anemuắlå*
Treppe *atötö*
treten (trans.) *schḗpegü, fäti;* (intr.) *bū̆rī*
Tridacnamuschel *tå*
trinken *ūn*
trinkbar *emuen rebue ūnemi*
Trinkflasche (von Kokos) *bŏr;* (Kürbis) *takūa*
Trinkgefäß *schúschu*
trocken *pḗl*
trocknen *apelắlå*
Trog *kanóa* (span.)
Trommel *támbot* (span.)
Trompete *konḗta* (span.)
Tropfen *sŏp;* tropfen (durchs Dach) *sósop*
Trost *ắlepai lātip*
trotz *buile: buile ei ákünö osäföri* trotz meines Befehls hast du es nicht getan

trüb *pån*
trüben *apåna*
trübselig *păi*
tüchtig *lŏg*
Tumult *ågürang*
tun *föri*
Tür *åsam*

U.

übelreden *eå'iå*
über (lokal) *uĕlangil;* (bildlich) *ḿmuer*
überall *fätalei*
überdrüssig *lålomosch*
Überfluß *igŏl*
überlegen *méngi*
überlisten *ŏper*
übermorgen *sĕpelan láü*
überreden *amuschĕni*
überreif *máschbut*
überschreiten *muet me uan*
übersetzen *auĕuen kepas; atŏ'tön kepas*
übertreiben *engĭlap*
überwinden *åpüngü*
übrig *lĭgit;* die übrigen Leute *ligit en aramas*
Ufer (Sand) *läpi;* (Felsen-) *aschäuschau*
Uhr *relos* (span.); wieviel Uhr? *ōra mĕta?*
umarmen *rāmī*
umgekehrt *uĕlegag*
um — herum *uélegin, uĕne ngăschen*
umrühren *piláfengeni, ariūfengeni*
umsonst (gratis) *ese mön, eså'remŏn*
Umweg *āl epå'r*
umwenden *uĕnegi, uĕgeti;* (ein Blatt) *sūgī*
umwerfen *amåtålå*
um — zu *buĕ*
unangenehm *ĕse iĕnegad*
unartig (von Kindern) *lisăngesäng*
unbestimmt *esă'let*
und (zur Wortverbindung) *me: en me ngang* du und ich; (zur Satzverbindung) *nge*
undicht (leck) *lăsch*
ungar *ĕsemot*
ungeduldig *ese lålålai, ätipåmosch*
ungehorsam *ese sĕlenga*
ungeschickt *ese repåu*
ungiltig *esår épetan, eså'refān*
ungleich *eseuéneuen, esepåleuen*
Unglück *fäiebut, fäiengau*
Unkraut *uasūlă* (cham.); — brennen *fīges*
unmäßig *ĕsepås*
unmöglich *esåbue mmuen*
unnütz *esår ĕpetan*
unordentlich *limêngau*
unrecht *esă'let, éseuen* (= unrichtig)
unreif *mángüsch*
unrein (schmutzig) *puŏl;* (ekelhaft) *llå'u*
unser (inklus.) *naüsch, easch, -asch, -sch;* (exkl.) *náămem, eă'mem, -ămem*
unsicher *ĕsepüng*
untauglich *esår ĕpetan*
unten *fān, fāl; ĕno fāl* er ist unten
unter *fāne; fānepo* unter dem Fußboden; *fān īm* unter dem Haus
unterbrechen (stören) *allålomosch*
untergehen (Schiff) *pŭ'telă schóulelă;* (Sonne) *tŭbulă*
unterliegen (Kampf) *püng, pūngelă*
Unteroffizier *kåbu* (span.)
Unterricht *ákabüng*

unterrichten *ābúngü, agůkülä*
Unterschenkel *meschén pesch-ei*
Unterschied *eseuéue*
unterschreiben *íschi īt*
unterstützen *schíeni, tăpengi*
untersuchen *gůta, fă'geni*
untertauchen (jemand) *åmobu;* (selbst) *tüfi, tůlong péig*
Untiefe *ēpět, mmăt*
unverschämt *ese sesău*
unwahr *esă'let*
unwillig *áschoschɔ*
unwissend *esår güléan*
unzufrieden *ese meséig*
unzureichend *ésegou*
unzuverlässig *mísemis*
urbar machen *såk*
Urin *sīr*

V.

Vater *sam-ei*
verabreden *pŭngefengen*
verachten *ese ăfäli*
verändern *líueli*
verbannen *destilådo* (span. *desterrar*)
verbergen *å'pa, å'pālå, åpäéilå;* sich — *åpūlå*
verbessern *agåtü sefeli*
verbieten *fěl, pĭl, tåb*
verbinden (Wunde) *tůgemi*
verboten *amåmå*
Verbrechen *ísōu*
verbreiten (sich) *schötölapelå, tötőlă*
verbrennen *ágü, fålă;* (sich) *ĕpul ait-i* ich habe mir den Finger verbrannt
verbrühen *ĕpoi*
verderben *tă'ir*
verdienen *bóbuegī*
verdorben (verfault) Holz *buá;* Fleisch *téir;* ungenießbar *masch, buőmasch*
verdunkeln *aroschálå*
verdursten *mälemår*
vereinigen *ămőia, ionī*
verfolgen *fåtabuei, tabuéi*
verführen *ůmū*
vergangen *ālå, åtak lå*
vergebens *selengéia*
vergelten *abåsu* (cham. *apase*), *áuamő*
vergessen *maluegílă*
vergiften *sŭ'på, aŭnū*
vergleichen *auéuēi*
vergnügt *meséig, kĕr*
vergrößern *atumokålå*
verhaften *ă'ppäti*
verheiraten *schånīm, bůpuliu*
verhindern *áigü*
verhören *årongar, aróngerongar*
verhungern *mälepetjai, kifelå*
verirren (sich) *muélela*
verkaufen *kamő'lă,· amő'ulă*
verkehrt *uélegag*
verkleinern *ăgikitílă*
verkürzen *amoschálă, amősche-moschálă*
verlangen *tíngår*
verlängern *éilei, älái*
verlassen (trans.) *ligită'tiu;* sich verlassen auf *lůgüu*
verleumden *eå'iå, ngůlengül*
verlieren *pŭngelă;* (im Spiel) *rős*
vermehren *asóulă*
vermeiden *măleti*
vermindern *ägikitílă*
Vermögen *schouăr*
vermuten *mengi*
vernachlässigen *esă'făli*
vernehmen *árongar, aróngerongar*
veröffentlichen *ürå fätaléi, ápasă fätaléi*
verordnen (behördl.) *åkünö, fől;* (ärztl.) *reséta* (span.)

verraten *sosongóa;* Verräter *mān sósongao*
verrückt *mang*
versalzen *igilesät*
Versammlung *moi, ă'ioläg*
verscheuchen *ålaua*
verschieden *esóufetäl*
verschlechtern *ángaua*
verschwinden *merŏ'gelă*
versickern (Wasser) *åmor*
versöhnen *ābúibui*
versprechen *atŭelig*
verständig *lĭschou*
verstecken (trans.) *åpålå;* sich — *åpŭlå*
verstehen *gŭlä*
verstimmt *ráurau*
versuchen *ágülă*
verteilen *inätĭlă*
vertilgen *amóula*
vertrauen *lŭgüu*
vertreiben *fåtabue uóu*
verwahren *ĭsan, ĭseni*
Verwandter, mein *ei schå;* dein *åm* —; sein *ān* —; unser *esch* —, *ämem* —; euer *ämi* —; ihr *er* —
verweigern *muĭg*
verwickelt, verwirrt *pĭn*
verwunden *årobu*
verwundern (sich) *tjèlă*
verwüsten *fäiréi*
verzögern *mmuai*
verzweifeln *isälügŭ'u*
Vieh *mān fĕgir*
Viehzucht *mānefål*
viel *ésou, etóulap*
vielleicht *mĕli*
vier *fān, fåman, fåfai, fau;* 14 *seik me fau;* 40 *fäik;* 400 *fābukiu,* 4000 *faángeras;* 40000 *fåsĕl;* 1/4 *fasåb, fapéig*
Vogel *mān äliél*
voll *sŏk*
vollenden *amålålå, atakålå*
Vollmond *bongelim masch*
von *me, me ren, milal; me Guam* von Guam; *me ren oro* von Gold = *milal oro*
vor: — 3 Monaten *muál ilúmaram;* — dem Haus *muál ĭm;* (vorgesetzt im Rang) *mmuĕr*
vorausgehen *gŏm*
voraussetzen *búira*
vorbeigehen *muétesengi, alúsengi*
vorbereiten *aföri*
Vorfahr *bóletä*
vorgestern *sĕpelån nåneu*
vorher *ĭgue*
vorn *muål, gŏm*
vorsichtig *åfäli*
Vorteil *lómot*
vorüber *ĭgue*
Vulkan *schúgupul*

W.

Ware *scheoar*
wach *mmăs*
wachen *mmåselă*
wachsen (von Pflanzen) *făs, măr;* (von Menschen und Tieren) *uĭseg*
Wachtposten *schån lågeläg*
wackeln *bángebang*
Waffe *ámasekéng*
wagen *tō*
wählen *fĭl, ă'fili*
wahnsinnig *bŭsch, meng*
wahr *ă'let;* Wahrheit *létal*
während *ígă*
Wald *län uåleual*
Walfisch *rās*
Wand *lügülü pal ĭm, tĭt*
wann *inăt, ilăt*
Wanze *målegil*
warm *buesch*
warnen *ätŭelig*

warten *uẽti*
warum (alleinstehend, ablehnend) *bốbuat*, *bốbuta;* (im Satz) *meta*, *buémeta* — *ren;* *mĕ̃ta ät esemai ren?* warum ist das Kind krank?
was *mĕ̃ta*
waschen (den Körper) *talü;* (Kleider) *ubū̃b*
Wasser *schān;* Wasch- *schān en tüt;* Trink- *schān en ūn*
Wasserhuhn *rangáiböl*
Wasserkrug (Kürbis) *takū̃a;* (Kokos) *pō̃r*
weben *tō̃r*, *tō̃röngi*
Weber *sou tōre*
wechseln (Platz, Geld) *lī̃uĕ̃li*
wecken *ā̃masa*, *fángeni*
weder — noch *ese egegū̃semo*
Weg *āl;* Weggabelung *ắlekir;* Wegzehrung *pāi mungo*
wegen *ren*
wegnehmen *buegī̃lă*
wegwerfen *atorắlă*, *aschéilă*
wehen *fílefil*
Weib, weiblich *schåbot*, *fắ'fen*
Weiberrock *ắpélepel*
weich (auch von Gemüt) *mẽschetor;* (schlapp) *pū̃opu*
weil *buílĕ̃*
weinen *sắng*
weinerlich *sắngesäng*
weiß *búschebusch*
weißen *buschẽi*, *abúschebuschá*
weit (entfernt) *tau*, *tauan*
weiter! *ẽlel*
welcher? *īo*, *ẽfă*
welken *masch*, *ål*
Welle (klein, ohne Schaum) *mắleu;* (mit Schaum) *nåkit;* (große) *nåbố̃bo*
wenden *uẽlegi*, *uegẽti*
wenig *ẽgüs*, *äkäu;* — Menschen *äkắschai áramas;* — Geld *äkắfai salape;* ein wenig *égüs*, *tüuén égüs*, *fái egüs;* weniger als *tuen egüs muan*
wenn (kausal) *ẽrē*, *ngẽrē*
wer *īo*, *ītöi;* wessen *eān īo*
werfen *tẽra*, *tĕ̃tár*
Werkzeug *pīseg*
Wert *mö-n-r* (sein-, ihr-)
Wespe *långsámol*
Westen *lotố̃u*, *pegiuou;* 240°, W zu S *lotóu-ör;* 300°, W zu N *lotóu-éfang*
wetten *apósta* (span.)
wetzen (Messer) *sắimi*
wichtig *såm*
widersprechen *engī̃mau*
widerlich *esennṓ* (Essen); *lốu* (häßlich)
wie (gleichwie dieses) *eiénesun*, *euéueschak;* (gleichwie jenes) *einásusun;* wie weit? *īfa tauan?* wie groß? *eifaisün túmokon?* wie heißt du? *meta itom?* wie alt bist du? *fítou rắgüm?* wie lange? *fitirän* (? Tage); *fitou räg* (? Jahre); wie oft? *fäne fitou?* wieviel *fitou? fitiman?*
wieder *bual*
wiederaufleben *budlemeláuta*
Wiege *ülố̃il*
wiegen (intr.) *taun;* (trans.) *ätau*
wild *noál*
Wimpern *apalū̃lmas*
Wind *ắng;* es ist windig *eắngieng*
Windstille *schåreg*
winken *ắleman*
Winkel *fắtefatül*
wirklich *ắ'let*
wissen *ắgülă;* vielwissend *gülẽan*
wittern *atū̃ngetüng*
witzig *mangerái*
wo *īfă*, *īa*, *tắf-uĕ̃*, (plur.) *-kéue;* *īfa áramas uē?* wo ist der

Mann? *ifa áramas kéuē?* wo sind die Männer? woher? *mḗia? ḯto meia?* woher kommst du? wohin? *bue-īa? obuēla īa?* wohin gehst du? *ibuḗla ḯa ua* ich gehe zum Schiff
Woge *nålápelap*
wohlbefinden (sich) *tiuélepal*
wohlriechend *buốngas*
wohlschmeckend *ínṓ*
wohnen *nónō*
Wolke *óschou*
wollen *mů̊schen;* nicht — *sä-muschen;* (belieben) *tḯpalī*
wollüstig *ngăl, fắ'fä*
Wunde *gḯlas;* (Schnitt-) *äl ren sār*
wundern (sich) *tjḗla*
wünschen *tíngår*
Wurfspiel *bå'do*
Wurm (Regen-) *muåt;* (Made) *ilópisch*
Wurzel *uār*

Z.

zähe *ngŭd*
zahlen *abå'su* (cham. *apase*)
zählen *păngi, păpa*
zahm *fĕgḯr*
zähmen *ắfegir*
Zahn *ngi* (mein —); *ngim* (dein —); *ngīliu* (Back-); *ngin ắ'liep* (Eck-)
Zange *agû̊gü*
zanken (sich) *amåmau, áscho-scho*
zart *schăl*
zaubern *föriănü*
Zauberer *souafṓ're, sóusou*
zaudern *amuáremuar*
Zaun *tépågur*
Zecke *güan uăke*
Zehe *áitin pesch-ei*
zehn *séik;* (bei Geld, Steinen usw.) *ắ'af;* 10000 *sḗl*
zeichnen *íschi*
zeigen *ắiti, áueri;* zeige mir *áueri ngenug;* (lehren) *ágülä*
Zeigefinger *aitutḯt*
Zeit *moi, eåt;* in alter Zeit *móiuĕ;* vor langer Zeit *aigílebungi;* vor kurzem *esắ'lebungi;* ich habe Zeit *esor måschi* (wörtl. ich habe keine Arbeit); ich habe jetzt keine Zeit *eor måschi;* du — *eor måschi ōm;* er — *eor måschi ān*
zerbrechen s. brechen
zerlegen (ein Huhn) *ropī* (*malük*)
zerreißen *ätăring*
zerstören *fäirḗi*
Ziege *sīwa* (cham. *tchiba*)
Ziegel *rū̊mä*
Ziegeldach *eås rū̊mä*
ziehen (an einem Strick) *táü;* (einen Wagen) *ŭ̊'rü*
Ziel (Scheibe) *blanko* (span.)
zielen *amángeni, áuĕlă*
ziemlich *tŭ̊uen;* — gut *tüuén egad*
Zimmer *tḯpuas, tḯkot;* Zimmer-decke *åschap;* Zimmereinrich-tung *schourau lä īm*
zittern (vor Angst) *ngong, bua-rŭ̊gerüg*
zögern *amuáremuar*
Zopf *röt*
zornig *sống*
zu (örtl.) *ren;* ich gehe zum Arzt *ilă ren doktor;* zu sehr *bŭt;* zu groß *tumŏ́kebut*
zubinden *gölḯlă*
züchten *fål;* Hühner — *malû̊-kefål;* Vieh — *månefål*
züchtigen *láuti*
Zucker (Sirup) *lŭsch*
Zuckerrohr *uốu*

zudecken *bualü'lă*, *aschepålă*
zuerst *gŏm*, *gómuen*, *ḿmuen*; zuerst werden wir nach T. gehen *sébue gom la T.*
zufrieden *meséig*
Zufriedenheit *mémeseig*
zuletzt *muīr*, *mŭrischígerig*
zumachen (die Tür) *tílå*; (eine Flasche) *pinéilö*
Zunder *åbas*
Zunge *schŏ'legal*
zurück *sefäl*
zurückgeben *buålesäfälíto*
zurückhalten *amáschüsăfäli*
zurückkehren *säfälito*
zusammen *fengen*, *pag*
zusammenbinden *gŏli fengeni*
zusammenhalten *schū*, *schŭschak*
zusammenlesen (sammeln) *üontă*; *üoni-féngeni*
zusammentreiben (eine Herde) *aschūfengeni*
zuschauen *ålemau*, *pipi*
zuschließen *iapīlă* (v. span. *llave*)
zuviel *bŭt*; — Geld *ésoubut salápe*
zuwenig *älégüs*
zuweilen *fänakă'u*
zwanzig *ruăk*; 20000 *rūesel*
zwei *rü'u*, *rŭschai*, *rūfai*, *rūo*; 200 *rüábukiu*; 2000 *rüángeras*; 20000 *rúesĕl*; 200000 *rüăpingit*; zweimal *fan rūo*
Zweig *räting*
Zwiebel *sebúias* (span. *cebolla*)
Zwillinge *lípoi*
zwingen *aschŏscho*, *engímau*
zwischen *lăpetal*
zwölf *seik me rūo*, *seik me rŭschai*, *seik me rūfai*.

Karolinisch — Deutsch.

A.

ā- (präfix) schon
āarápeto, aarápuou sich nähern
āă't blühen
ábas Zunder
abå's Lohn; *abås ä rän* Tagelohn
abå'su (v. Chamorro *apase*) belohnen, vergelten, zahlen, rächen
abốbou schwängern
åbong es wird Nacht, es dunkelt
åbora gebogen
åbuas laut sprechen
abuātu räuchern
åbuĕtäi mästen
abúibui Freundschaft schließen, versöhnen
åbuil Seife
ābulas sich betrinken
abǘlebul Lampe, Kerze
åbung Abschied nehmen, Lebewohl
ābungi lange Zeit, seit langem
ābúngü, abǘngü lehren, belehren, unterrichten
abupüng Lärm machen
abúschebuschá weißen, weiß anstreichen
ábuschi rösten
å'buta hassen, nicht mögen, mißbilligen; *i å'buta* es paßt mir nicht
abuláuou hinausweisen
ăfåeg loben, preisen
afáiffisch sich genieren
afangålå absenden
åfåt Geliebte
afâlefäl exerzieren
åfäli acht geben, sich hüten, sich kümmern, nachsehen, beaufsichtigen, Vorsicht
afå'nesou oft, oftmals
afulålå fortlassen
åffas necken
áföri vorbereiten
afö'täg ankern
agåtü séfeli verbessern
agĕkai scherzen, lächerlich
ågubă nachforschen, nachspüren
ågusu aushöhlen
ågü, agǖ'tä anzünden
ágügü Zange
agǖkülä belehren, lehren, unterrichten
ágülä wissen, erkennen
ágürang Lärm machen, Tumult
āiarī fluchen
åieg fragen, sich erkundigen
aiēn Grenze
áifar Traglast
aigílebungi in alten Zeiten
áigü verhindern
aigǖgün der Letzte
aigǖ'lă beenden
ailĕl Gelenk
áilül Kap, Landspitze
áimet Muschel

áinama Plage, plagen, quälen
áinet teilen
aischik schmal, dünn
áit Finger; *áitilap* Daumen; *aitutīt* Zeigefinger; *aitulug* Mittelfinger; *aitésebueg* Ringfinger; *aitischig* kleiner Finger
áita, *aitéit* benennen, Namen geben, taufen
aitíngeni darreichen
aitin-pesch Zehe
aitíto hergeben
áito ankommen
áiū īm ein Haus bauen
aiū́tä aufstellen, hinstellen
ákabuas schreien, Geschrei
ákåbüng Unterricht
ákamö Geschäfte machen, handeln
åkapal schwören, Schwur, Eid
akapalángau Meineid
akḗi Feuer
åkesch angeln mit langer Leine
ăkŭ̈'nṓ befehlen, verordnen, bestimmen, Befehl, Verordnung, Gesetz
ål welken
āl Weg, Straße; *āl aischik* Fußweg, Pfad; *ālepår* Umweg; *ālekir* Weggabelung
ålå abfahren, fortgehen
ålå'l Schnur, Bindfaden
álangan răg jährlich; *álangan rän* täglich
alangen jeder; *alanger* alle
álauă verscheuchen, ein Tier treiben
alauálå fortjagen
alḗlla schmecken
ålemau zuschauen
ålepai lätip Trost
alía leeren
alıálå ausgießen
ālimong ein Taschenkrebs
alīpă leeren
allålomosch stören, belästigen, hindern, die Arbeit aufhalten, unterbrechen
állangă erhöht
állögü befestigen
alṓlang hochmütig
áloma eine Flasche schütteln
alṓu Mist, Exkrement
alölöschü, *alṓlüsch*, *alṓ'schü* anklopfen, knallen
ålu auseinandergehen
alū́sengi aneinander vorübergehen, jemand überholen
alūu entwischen, entlaufen
ålüal junger Mann; *ålüal līpisch* Junggeselle
ålüg, *alū́gülă* schweigen, ruhig! still!
ălügū́pag Abhang, steil
alū́l Farbe, Färbung
ålüs Schnurrbart, Backenbart
álüsübon bärtig
åmå Kormoran
ámåbu ertränken
ămåi Notzucht
åmak, *ámakü* geboren
åmål fertig
amálå anlegen (beim Schießen, auch eines Bootes)
amålálå aufhören, schließen, vollenden
amalüálă losmachen, loslassen
amå'må verboten, abgeschafft
amåmau sich zanken
amángeni auf etwas zielen
amángün flüstern
ámara Segel
åmasa wecken
ámasekéng Waffe
åmaschü einen Flüchtling aufhalten
åmaschü säjäli ergreifen
åmat satt

amátă reiben auf dem Reibeisen
amå'ta fällen
åmata ein Boot ausschöpfen
amå'tă setzen
amåta uan pesch-ei auf den Schoß nehmen
amatålă umwerfen
amåtelă niederstürzen
amåtiuei (ein Kind) hinsetzen
amåulă auslöschen (Schrift), vertilgen
amåü! langsam!
amēáu pissen
ámesag bedrohen
ámmalat handgemein werden, angreifen
ámobu jemand untertauchen
amŏia vereinigen
åmol Köder
amóllă ködern
amomongå'gu sich ankleiden
åmongou zu essen geben, abspeisen
åmor versickern (Wasser)
å'mor Mais entkernen
ámosch Halskette (von gelben Muscheln)
amoschålå, *amoschemoschålå* kürzen
amŏt kochen, Essen bereiten
amotjålå niederreißen
amŏulă vertilgen
amóü aufhäufen
åmöu kaufen
amŏ'ulă verkaufen
amuáischü einen Baum schütteln
ámuar auf die Schulter laden (tragen)
ámuar paluel an einem Stock auf der Schulter tragen
amuáremuar zaudern, zögern
amuēla los, frei (von einem Tier)
ámuen Ordnung
ámuena ordnen, pflegen, bedienen, einrichten
ámuena gåtiu pflegen
ámuene fötal sich bedienen
ámuenaschīm frisieren
ámuera auf dem Rücken tragen
amuétegil kitzeln
amuīk Pfeffer
amúirimuir Hammer; endlich
amúngo füttern
åmusch Brennholz
amuschēni jemand überreden
ámuschü halten
ámuschü nŏ'giu festhalten
an Speise
ănă fáneu! Land!
anäi Ausguck halten
ănemåu gaffen
anemuålă trennen
ånü Gespenst, Geist, Teufel
anūlap Gott
anün Sorte
ángang Arbeit, arbeiten
ángang tjáu harte Arbeit, Anstrengung
āngaua verschlechtern
angă'ti anfassen, anrühren
ánger sich räuspern
ánget Feuer
ángi essen; *angīlă* alles aufessen
ángol eitel
ángün Flöte
ångüt kneten
āos Schlafdecke
Āp Jap
āp Junges; *āp en sīlo* Ferkel; *āp en uăke* Kalb
å'pă leugnen, verbergen, verstecken
åpai am Bug ausschauen nach Riffen
å'pală sich verbergen
apåleuen paarig, gleich
apálüen antworten

apalülmas Augenwimpern
apåna trüben
apápa erzählen
āpáraparelå̊ erröten
ápårō ehrerbietig grüßen
ápascha ankleben
apatapáta kalt machen, kühlen
apáü ein Schiff in den Hafen lotsen
apäéilă sich verbergen
apä'lepäl Hüftentuch
apägiéki sich auf die Seite legen (Mensch, Boot)
apelålå̊ trocknen
ápesa jemand anreden
å'pong Fischspeer
aposta (spanisch) wetten
apóupou flattern im Wind (Flagge)
ápö fertig, zu Ende, alle (nur vom Wasser)
apȫ'u messen; *apöu lauan* Entfernung messen; *apöu lelålo* loten
apöulă leer trinken
áppasch Kitt, Klebestoff; *áppasch énemai* Milchsaft des Brotfruchtbaumes
å'puă biegen
apuéschemai gebratene Brotfrucht
āpůl! Feuer! es brennt!
apula anget Feuer schüren
åpūlå̊ sich verstecken
apulū'pai Heirat, Hochzeit
ápuölü beschmutzen
ápüng Falle
apüngelă Lücke
apüngetiū niederstürzen
apüngü niederwerfen, besiegen
apüngūlă schließen, zuschließen
áramas Mensch
áramasen må'un Soldat
arapā'tiu, arápetiu herablassen
aráuerau blau, grün
ārā̆n es tagt
arā̆'rä sich entschließen
áreare Tal
áreboát Dunst, Nebel, dunstig, neblig
āringi knirschen
āriūfengeni umrühren
árobu verwunden
áron bei, daneben
árong benachrichtigen
árongar, aróngerongar verhören, vernehmen
áros fertig, zu Ende
arup målük Hahnenkampf
árüng Kokosmilch
arūrü schrecklich, jemand erschrecken
ås Nachtschmetterling, Schwärmer
åså̊'bolig raten
asågopéli rollen
ásam Tür
ásam móscho Fenster
ásang Savanne
asarómang merkwürdig
asásot alt, gebraucht
āsér landen
asīg Salz (cham. *asīga*)
asígai salzen; *asígämin* einsalzen
asígebut salzig
ásipou flattern
å'son īm Blätterdach
asóng, asónga jemand ärgern, erzürnen, reizen
ásoue oft
asóulă vermehren
ásögü füllen
asȫ'sö ausruhen
asūlă ausgießen
aschallü glätten, hobeln
áschap Zimmerdecke
aschápalå̊ kentern

aschápuón rücken, Platz machen

ắschauar Hausmöbel

ascháuschau Felsenküste, Steilküste

aschéilă wegwerfen

aschepắlă zudecken

áschepen Schwanz

aschétanü naß machen

aschṓschō anstrengen, jemand zwingen

ắschoscho zanken

aschu, *aschūfengeni* mengen, mischen

aschů́pet drängeln

aschū́schu Gelenk, jemand begegnen

ắschül fasten, sich enthalten

ắtabu(ēi) begleiten

atågolu drehen (ein Rad)

ắtak fertig! Schluß!

atakắlă aufhören, beenden, vollenden, sich fertig machen, schließen

ắtakla vergangen, vorbei

ataråă'mmat grausam

atarắuoou werfen

atarṓa faul, träg

ắtīg brennen (vom Pfeffer)

atígebō kitzeln

ātiuen bungi künftig, nach langer Zeit

atjŏ́gi bewässern

ắtogu abtrocknen

atólongei einfädeln

atŏ́longou einladen

atorắlå wegwerfen

atorā́'tiu niederreißen

ătóu loten

atṓuou heraustun

atŏ́u anbeten

ắtöl einschlafen, einnicken

ătöṓ Leiter, Treppe

atötön kepas Dolmetscher

atṓu ein Kind tragen

atrasáo (span.) unpünktlich

ắtubu lügen, täuschen

åtů́butup betrügen

atū́elig versprechen

átuf spucken

ắtugu naß machen

atŭ́mo küssen mit den Lippen

atumokắlå vergrößern

ắtün Dampf

ătün ánget Rauch, rauchen (intr.)

atū́ngetüng wittern

āu Mund, Schnabel

āua pfeifen mit den Lippen

āuă fruchtbar

å'uå Achtung, Ehrerbietung, ehren, angesehen

auắlüa sich schmücken, putzen

ắuamö rächen, vergelten

ắuār ankommen

auareuar ắnü besessen

auasōn doppelt, mehrfach

auắta kochen (intr.); *schan āuåt* = *ḗuat* das Wasser kocht

auéleuel = *auéneuen* kreuzen, lavieren

áuenă = *áuelă* auf etwas zielen

áuer beleuchten, erleuchten

auerḗi erleuchten

aueréngeni beweisen

āueri zeigen; *āueri ngḗni* eine Arbeit anweisen

auĕ́tja schmelzen (trans.)

auĕ́uēi anpassen, gleichmachen, ebnen, einrichten, vergleichen

auéuen kĕ́pas dolmetschen, übersetzen

āul = *āun* Gift; *áunū* vergiften

aumau = *auṓumau* spotten

aurǻ'lå füllen

áuta = *áuteni pek* das Gewehr laden

áutone-pek Patrone

āü Mastbaum

aü īm ein Haus bauen
áüfar auf die Schulter laden, auf der Schulter tragen
ăük fertig
áül Schleuder
áülap dick
aülŏ'ila schaukeln
áümang auf dem Kopf tragen
áünü tränken
áüng Brust
ăürä Mulde, trockenes Flußbett
aürätiū amara Segel niederholen
aürūtä ámara Segel setzen
áüseling horchen
ăüta aufladen
aū'tä Hummer
ăaf zehn; *äaf me éfai* elf; *ä. me rufai* zwölf
ăarap nahe; *äárap ángeli* nahe bei
ă'bukiu hundert
ăf Kokoskrabbe
ăf Feuer
ă'fegir bändigen, zähmen
ăfiäf angeln
ăfili auswählen
äfischi Neigung, gern mögen, gern essen; *i äfischi* es paßt mir
äfitä ámara Segel setzen
ăfitäk mit zusammengebundenen Füßen klettern, klimmen
ägékai scherzen, spaßen
ägikitīlä verkleinern, vermindern
ăgüla versuchen, kosten, prüfen
ăheru Feuer
äiăi Almosen, Geschenk, schenken
äiemōr keuchen
ăioläg Versammlung
äisī hetzen (einen Hund)
ăita nennen
ăiti zeigen
äkáinama quälen
äkäu, äkäschai, äkăfai, äkäfåsch wenig
äkél graben
ăkengi schärfen
äkīt ámara Segel reffen
ăl fliegen
ăl treffen
ăl lúgulap ins Schwarze treffen
ă'lai lang
ă'laua anspornen, treiben
äl ren sār Messerstiel
ă'lă nur
ălängángeschak nur ich
ă'läschai nur einer, einsam
älärūschai nur zwei
älă'sor frühstücken
ălégüs zu wenig
ă'leman ansehen, winken
ă'let Sonne; *älet oschósch* Sonnenfinsternis
ă'let bestimmt, gewiß, echt, wahr, richtig; *i ă'let rei* ich habe recht
ălētă aussagen, bezeugen, bestätigen
älīa, älīpa gießen; *äliálå* ausgießen
äliálong eingießen (= *älipálong*)
ălif schielen
älinga schmücken
ă'liöl fliegen
ălischim Kopfhaar
ällifelong einschleichen
ă'mamă spannen
äméi Seil, Tau
ämeséig gefällig
ämeséiga erfreuen
ămis Farbe, Anstrich
ämisí anstreichen
ă'muar Geliebte, Konkubine
ă'nepöi Fächer
ănnif schleichen
äng Luft, Wind

äp Hintern, Gesäß
äpas uěnepī auf den Strand laufen, scheitern; *ä. uěneuosch* auf ein Riff laufen, scheitern
ä'päsä fätalěi bekanntmachen, veröffentlichen
äpäl Lendentuch von Zeug
äpälepäl das Lendentuch anziehen
ä'päräs breitwürfig säen
äpäti-lö einsalben
ä'pelä ik Fische trocknen
äpěne Junges; *ä. uäke* Kalb
ä'pengeg Dachlatte
äpěta quetschen, pressen zwischen Brettern
äpilepil Ferse
äpilesä ausbessern
ä'pinom Dorf
ä'pingit hunderttausend
ä'ppät Strafe
ä'ppäti strafen, verhaften
äppělä den Preis ermäßigen
ä'regi beten
ärtä Geldstrafe
äriere streifig, gestreift
äsän Bett
äsäre uong Schildkröten fangen
äsěd Fischgarten
ä'sel Leber
äsch Prozeß
ä'schen Reiher
ä'schengi schonen
ä'schep silo Schweine jagen mit Hunden
äschiä mit der Angel fischen, angeln
ä'schig müde von der Arbeit
äschipischipa jemand erfreuen, befriedigen
ät Kind; auch Blüte, Blume
ätángerutä klettern
ätaschábot Mädchen, Tochter
ätäig Drachenspiel
ätä'ring zerreißen
ä'teni polieren
ätiělä zuschließen
ä'tiet Keil, Löffel aus Kokosschale
ätiěti einkeilen, drängeln
ä'tifi Wasser schöpfen
ä'tigi pfeifen, klingeln, läuten, ein Instrument spielen
ätitigi pfeifen (mehrmals läuten usw.)
ä'tikischō Kopra schneiden
ä'til Galle
ätinuäleual Blume, Blüte
ä'ting ausbessern (ein Netz)
ätingi schmieden
ä'tipa spalten (Holz)
ätipámosch ungedultig
ä'tirou grüßen, begrüßen, salutieren
ätitik ein Instrument spielen
ätiuä ausziehen (Kleid)
ä'tjigan! schade!
ä'to geduldig, Geduld im Leiden
ätóu (trans.) wiegen, wägen
ätuelig ermahnen, warnen
ä'tumuan Junge, Sohn
ätüt säugen
äu = *au* Mund, Schnabel

B.

bábual später
bá'do Wurfspiel
báibai beneiden
bálebal Deckel
balisa Seezeichen (span.)
bángebang wacklig, lose
bår Kasten, Kiste, Sarg
bå'u angeln mit Stock
bilímbau (cham.) Mundharmonika
bō Geschwulst, Geschwür
bōbo schwanger
bobōlä anschwellen

bŏ́buat warum = *bŏ́buta*
bóbuĕ́gi verdienen
bóibai Papaya
bóletä Vorfahr
bóletäl, *bóletän* Anfang
bŏlü̆'u anfangen, beginnen
bŏ́masch stinken
bong Nacht; *bongenĕ́i* heute nacht
bŏ́ngau übelriechend
bóngelimmásch Vollmond
borắt Rauch, rauchen (intr.)
bŏ́resă Tasche
bórotiū sich bücken, gebückt
bŏsch Schildpatt
bōt Boot
botŏ́u kleiner Brotkorb
bŏ́r Flasche von Kokosnuß
brĭn Segeltuch
bü fließen
buắ faul, verdorben (Früchte, Holz)
buai tanzen, schmollen
buai Bambus
buainan sắpasap Scheide (span. cham. *baina*)
buaisắg lose (von einem Tau)
buáisi, *buaisī́lă* losbinden
buắjou (v. span. *paño*) Taschentuch
buắl auch, wieder
buăle uĕ́ueschak in gleicher Weise
buăle fänĕ́u noch einmal
bualemeláuta wiederaufleben, auferstehen
bualesäfälito zurückgeben
bualī́schak derselbe
bualī́lă zudecken
bualī́u bedecken (einen Topf)
buắri eine Pflanze ausreißen
buarü̆́gerüg vor Angst zittern
buaserī́gerig Geräusch
buäten anget Rauch (des Feuers), rauchen
buäten sū́va Rauch (von Tabak)
bŭắ erscheinen (in der Ferne auftauchen)
buắ'tō (vor Gericht) erscheinen
buäsch Kalk zum Betelkauen
būbu fließen
bubū́reg mit dem Fuß stampfen
buĕ́ damit, daß, weil; *buĕ́ föută* = *bue méta* warum, wozu
-bue (Suffix) bez. das Futur und den Imperativ; *ōbue ángang* du wirst (mußt) arbeiten
buĕ́bog mitnehmen
buĕ́gi empfangen; die Gabe, die Last (*buégian karĕ́ta* eine Wagenladung)
buegī́long einführen, hereinbringen
buegī́to bringen
buegīlă, *buegī́sengi* wegnehmen
buegī́uŏ́u ausführen, herausnehmen
buĕ́i Perlmuschel
bueī́a wohin
buer, *buérengi* durchbohren (Geschoß)
buesch Kalk, warm } vgl. *busch*
bueschĕ́i kalken } vgl. *busch*
bueschekar heiß } vgl. *busch*
buetäi fett
bug Nabel
búgebug Knoten
búgoi knüpfen
buguáne pei Ellbogen
buguáne peschei Knie
buī (mein) Bruder, Freund; *buī schắbot* (meine) Schwester
buī́le damit, daß, weil, trotz
buíle ī́lă deshalb
buira voraussetzen
buī́sä Exkrement
bŭl Glasperle
bul brechen (Bein)
bŭl Herz

bulál Dotter
bulās besinnungslos (cham. *bulatcho*, span. *borracho)*
bůlebul rot
bůlis Milchsaft des Brotfruchtbaumes
bullūu brechen (Stock)
búngi die Dauer
buő riechen (intr.)
buőmasch verfault, übelriechend, stinken
buőngas wohlriechend
bůpulü = *bůpuliu* Gatte, heiraten
bŭr Flut
bůra, *buróti* bohren mit dem Bohrer
būrī mit dem Fuß auftreten
búrubur Schaum
búrungi schälen
bŭsch dumm, wahnsinnig } vgl. *buesch*
búschebusch weiß } vgl. *buesch*
buschḗi weiß anstreichen } vgl. *buesch*
-*bŭt* zu sehr
bůtai dick

D.

dắngis (cham.) Kerze
dībe (span.) schulden

E.

eå! gut! ja
eå Angelschnur, Leine
eaf schwimmen
eafeschíngesching unter dem Wasser schwimmen
eå'iå beleidigen, übelreden, verleumden
eă ilắta, *eă inắ'ta* seit wann?
eå'kesch angeln mit langer Leine
eål Sonne
eås Dach; *eås rumắ* Ziegeldach
eå't Geschrei
eå't Zeit
eắngieng es ist windig
eắt Kinn
eắtjig! schade!
ébuelắrosch dunkeln
ébue må heilbar
ḗbungi lange Zeit
ḗfă welches
éfai ein
éfang Norden; *éfange leäs* 30°, N zu O; *éfange läson* 330°, N zu W
éfåsch ein
éfeneg erstes Mondviertel
eferätjig! schade!
efeschi gefallen
efő'ta? wie?
ḗgad recht, Recht, tauglich
ēgat ein
égou hinreichend
ḗgüs wenig; *tüuén ḗgüs*, *fái egüs* ein wenig; *égüs me égüs* allmählich
egűseschak beinahe
éi! heda!
éibă nachforschen
ḗiegmau neugierig
ēifáisül wie
eilḗi verlängern
einausun so wie dies; *ēiénesun* sowie jenes
eitīlắn die Zunge herausstrecken
ekắ'güs ein wenig
ĕlĕ- (Präfix) nur; *eleülüfai M.* nur 3 M.
élel! weiter!
éllö gut schmecken
émas roh (Fleisch)
emerīuriu glänzen
emudállă säuern
émuen! genug!
énen fortfahren (in der Arbeit)
énnő gut schmecken

ěno sich befinden
engāng en māt Feldarbeit
éngau schädlich
éngēi nehmen; *engeiálă* wegnehmen
éngeni sagen, befehlen
engéuou rücken, Platz machen
engīlap prahlen, übertreiben
engīman widersprechen, zwingen
engĭtī festbinden
eō plötzlich
eófi ertappen, erwischen
eŏjō Krücke
eōng Mangrove
eópasch List
eór haben, besitzen (wörtl.: es gibt)
eorefān = *eor épetan* Wert haben, gelten, wertvoll, tauglich
eórmo irgendwo
eŏ̄ kundig
epěig halb, Hälfte
épět Untiefe
epínesă flicken, einen Fleck aufsetzen
époi verbrüht
épul verbrannt
erâgeräg lesen
ěrě der Kantharidenkäfer
ěre ob, oder, wenn
ěriföi frieren
ěsåb, halb, Hälfte
ěsäb, *esabúngmoi* bald
esåbuemmuen unmöglich
esáfäli leichtsinnig, nachlässig, vernachlässigen
esår fehlen, mangeln, ohne, kein, nichts; *esår ángang* arbeitslos, müßig
esårefan, *esårěpetan* unnütz, wertlos, ungültig
esårgüléan unwissend
eså'remo niemals, nirgends
esåremŏ̄n unentgeltlich
esăb bald
esă'let unbestimmt, unwahr, unrecht
esăn bald
esănebungi vor kurzem
esă'nemo noch nicht
esă'nepöi Fächer
eseă'fäli verachten
esebopŭl geruchlos
esébungi bald, nicht lange, seit kurzem
ése egegŭsmo weder noch
ésegou unzureichend
éseiěnebuesch lauwarm
eseiěnegad unangenehm
ésěkěscháimo niemand
eselålěelai ungeduldig
eselómot Nachteil
eselŭgüū ungläubig
esemeséig unzufrieden
ese měscheräg nicht leicht schwer
esemŏ̄n unentgeltlich
ésemot ungar
esénnŏ̄ geschmacklos, schlecht schmecken, widerlich
ěsenō fehlen, abwesend
esepáleuen unpaarig, ungleich
esepås unmäßig
ésepüng falsch, gefälscht, unsicher
éserepåu ungeschickt
esesău schamlos
esesélenga ungehorsam
esesóu nicht oft, selten, nicht viel
ésetan nichts
ésetoulap nicht viel
eseuen falsch, unrichtig
eseuéneuen ungleich, Unterschied
ese uěrilet kurzsichtig
esine nicht so wie dies
esináusun nicht so wie jenes

esor es gibt nicht, nicht haben (s. *esår*)
ésou oft, viel
ésoubut zuviel
esóufetäf verschieden
ětäl Reihe
ětin leuchten (intr.)
etóulap viel
ěu ein
éuen gerecht, gerade, richtig
éuer leuchten (intr.)
euéreuer blitzen
ēuéue gleichen
euéueschak derselbe
euéueschake-me ebenso, gleichwie
éüm ein Bündel Bananen
éüscham Querbalken

F.

faángeras viertausend
få'boeap Gehirn
få'bukiu vierhundert
få'bul Mädchen
fåef vierzig
fåfai, *fåfåsch* vier
fåi Stein
fáiĕgüs ein wenig
fáifai flechten (das Blätterdach)
fáifai steinig
fáigūu Delphine durch Aneinanderschlagen von Steinen unter dem Wasser herbeilocken und fangen
fáil Kern, Geliebte (s. *fáül*)
faimarángerang Koralle
fáingi rufen, locken
faingĭlong hereinrufen
fáiŏ mitleidig, bemitleiden, lieben
faischüg Korb flechten
faiū flechten
fäl züchten
fålă, *fålåtä* erziehen, anzünden
fålc uā ein Kanu aushöhlen
fålang Asche, Herd, Feuerstelle
fålefal Dorn, dornig
faleu einmal; *falrúo* zweimal
fålün Geweih, Gehörn
fåman vier
făn, *fål* bis, unten, herunter
fană'pi Ebene, Atollinsel, flach
Fånepi Ponape
fáneu Grundstück
fáneuĕi meine Heimat
fáneu schug Hochinsel
fángan zusammen
fángĕni wecken
fángosch Meeresströmung
fáreg gehen, marschieren
farégereg laufen
farégeto herkommen
făs lachen
făs = *fåsetä* wachsen, entstehen (von leblosen Dingen, Pflanzen)
fåsafas Nest
fåsel vierzigtausend
fåsch Pandanus (gute Art, zum Flechten
făschĕnoal Pandanus (mit eßbaren Früchten)
fät klar (v. Wasser) hell, durchsichtig
făt Augenbraue
fåt Pflanze, pflanzen; *fåt ebue lómot* Nutzpflanze
fåtab fliehen, herumlaufen, laufen
fatåbola weglaufen, durchgehen (Pferd)
fatabuĕlă fortjagen, nacheilen, verfolgen
fåtabue uóu vertreiben
fåtafat Dach decken
fåtä aufblicken
fåtefatül Ecke, Winkel
få'tegi bepflanzen s. *fótegi*

fátegītiu niederstellen, hinstellen
fáten Neffe, Nichte
fátor betrachten
fátotiu knien
fátül Paddel
fátülebūbu Steuer
fau Stein, vier
fáül, fáün Kern einer Frucht, Geliebte
fáülmas Augapfel
fáün-anget Steinfeuerzeug
fáün orong Gaumen
faün pek Gewehrkugel, Geschoß
fáün sūwa Tabaksamen
fä beischlafen (außerehelich)
fäf Abend 5—7; *fäf rosch* 8; *fäfman* 10 Uhr
fäfen Weib, Frau
fä'fä geil, wollüstig
fä'geni untersuchen
fä'git Läuse fangen
fäi Schicksal
fäiebut, fäiengau Unglück
fäiegad = *fäiefisch* Glück
fä'ik vierzig
fäir entzwei
fäirēi beschädigen, schaden, zerstören, verwüsten
fălă (mit dem Buschmesser) hauen, schlagen, abschneiden
fän vier
fän, fäne bis, unter, -mal
fän akä'u zuweilen, einigemal; *fän eu* einmal; *fän ruo* zweimal
fäne fitóu wie oft
fäne fánemuai nüchtern
fäne muáramuar Herzgrube
fänesóu oft, häufig
fänep-ēi (meine) Achselhöhle
färágefetäl spazieren gehen
färégeto herbeikommen
fä'ta Dachdecken
fätalēi überall
fä'ti einen Fußtritt geben
fä'til Gras
fefaingīto herbeirufen
fēgir zahm
fēi Feile
fēil gehen, marschieren
feilă fortgehen
feilepesch-ēi Fußsohle (meine)
féisong küssen (mit der Nase)
féito herkommen
fēl verbieten, Tabu
félang Ofen, Herd
féngen beisammen, zusammen
fĕr enthalten, fassen
fēre passen (Anzug)
ferīeoă Lunge
féschi ordnen
fĕtăg pflanzen
ffät ein Bündel Fische
figes Unkraut brennen
fīl wählen, auswählen
fīlefil wehen
fiou kämpfen, sich prügeln, mit Worten streiten
fisīk, fisief siebzig
fisou sieben
fisübukiu siebenhundert
fisch gut
fīta fischen
fitifai, fitifåsch, fitiman wieviel
fītou wieviel
fītug, fitigon Fleisch; *fitugēmas* rohes Fleisch; *fitug mōt* gekochtes —; *fitugumasch* Aas
fōl Lied
forogīlă üuan sich aufhängen
fóte, fótegi pflanzen
fŏ neu
fŏ'fal Messer beim Hahnenkampf
fŏfas Floß
fŏfŏ'r Gewohnheit, Sitte
fŏi kalt

fŏl = *fŏn* reden, predigen, befehlen, verordnen, Gesetz, Verordnung
fölĕu mahnen
fŏ'loă Schlucht
fŏr Gewohnheit, Sitte
för backen im Ofen
för en mat Ackerbau
föri machen, tun
föriånü zaubern
förïfeschi ordnen
fōtăg Anker
fúngori sich schnäuzen
fŭ Stern
füs, *fûsifai*, *fûsifasch*, *fûsuman* sieben
füsángeras siebentausend
fûsisel siebzigtausend

G.

găd gut, schön, tauglich, recht, günstig
găl eu jeder
găl éschai áramas jedermann
galĕra Fahne
galŭf Leguan
galŭti hauen, schlagen, prügeln mit dem Stock
gåtil Muschel
gebåiu (vom span. *caballo*) Pferd
gĕkai lachen; *gĕkai må'lemåt* lächeln, kichern
gekăg hörbar sich räuspern, spucken
gĕreger, *gerĭgeri* sich kratzen, scheuern, nagen
gĭ, *giägi* Schlafmatte
gikĭl bezeichnen, Kennzeichen, Marke
gīl Haut; *gĭlin uåke* Kuhhaut; *gĭlin gúrŭgăr* Apfelsinenschale; *gĭlin uáleual* Rinde
gĭlål Fieber
gĭlas Wunde, verwundet
gĭlifŏ Bast von Hibiskus
gilísaboŭ Ringwurm
gílleni bezeichnen
gĭnegin eu ein Stück
ginĭtiu herunterholen
gīt jung; *i gite fåm* ich bin jünger als du; *kĕpas e gīt* leise sprechen
gitikĭt klein
gŏbul fest
gŏbŭrĕ (span. *cobre*) Kupfer
gŏlă sich ereignen
golå'g (cham. *galå'go*) Hund
golăl (span. *corral*) Pferch
golå'lă einpferchen
golĭng Strandläufer (Vogel)
gŏm = *gómuen* vorn, zuerst, vorausgehen
gomuir spät; *eå gomuir* es ist schon spät
gŏna einholen
gŏpesag entzwei (Knochen, Stock)
gŏpulei Meißel
gŏr Schamhaar
gosch Kokosbast
gŏtel Sack
gō Angel
gŏ'kŏ krähen
gŏ'li binden, anbinden; *göltlå* zubinden
gŏ'li ållögü festbinden
gŏ'li ŭ'uan sich aufhängen
gölíngeni alål schnüren
görŏ' Reiher
görŏti schaben
görŭ scheren; *görŭ'fasch* kurz geschoren, Stiftenkopf
gŏrügöre rasieren = *görün ållüs* (vgl. *géreger*)
gŏ'tăp tasten
gŏ'tŏpă anfassen
gūb Spur

gŭbul Fest, Festtag (cham. *gupot*); *gŭbul en múngo* Gastmahl
gŭl mager
gūl plündern
gullå ausgehen, erlöschen
gúmusch Hand
gunū, gunūlå auslöschen e. Licht
gupăl noch
gŭpi abhauen
gurúb kleine, unreife Kokosnuß; *gurúbuschig* ganz kleine K.
gúrubun Knöchel
gurugăg die schwarze Möve
gúrugur Apfelsine (auch der Tanzstock, der vermutl. aus dem Holz des Apfelsinenbaumes geschnitzt ist)
gúrugurenoál die bittere Apfelsine
gŭs hohl (z. B. Bambus)
gŭt Durchfall
gū̆ beißen, glimmen
güan uáke Zecke (v. *güu* Floh)
gü'lä wissen, begreifen, erfahren, kennen
gülĕan vielwissend, gebildet
gŭngér Gurke
gŭrör rülpsen
gŭs Tintenfisch
güt, gūta suchen, untersuchen
güte pulu = *güte schånim* freien
güte fetă'l durchsuchen (ein Haus), Haussuchung
gü'u Floh, Kopflaus, Schweinsfisch, Delphin

I.

iå ja; *iå éuer* ja gewiß
ĭa wo? *buĕ ĭa* wohin?
iápi (span. *llave*) Schlüssel
iapĭlå abschließen, zuschließen
ĭb Schnur
ibŭibuen pesch(-ĕi) (mein) Fuß
iĕi mäi Brotfrucht suchen
iĕnegad angenehm
iĕnesun so wie dies
ĭeoă! nanu!
ĭfa wo? *ĭfa tauan* wie weit
ĭgă hier, seitdem, während, als
ĭgăl hierher
igĕi hier
igĕig mahlen (Mais)
ĭgil sehr; *igĭlesou* = *igiletóulap* sehr viel
igílebungi vor langer Zeit
igĭlegut dringend
igĭlegūseschak sehr wenig
igílesät versalzen
igimū dort (bei dir)
ĭgina jetzt, eben; *ignáschak* sofort
igŏl Überfluß
iguĕ = *igūĕ* damals, früher, vorüber, vorher
ĭk! au!
ĭk Fisch
ilange dann
ĭleng Armband
ilíbukiu dreihundert
ílief, ilĭk dreißig
ilŏpisch Made, Wurm
ilóu! pfui!
ilū drei
ĭm Haus; *ĭmĕfái* Steinhaus; *ĭmepăp* Bretterhaus; *ĭm en ă'ppät* Gefängnis; *ĭm uen lĭos* Kirche; *ĭm uén epă* Abtritt; *ĭm uáleual* Hütte; *ĭm en sämăi* Krankenhaus; *ĭm en kábüng* Schule; *ĭm en brĭn* Zelt; *ĭmĕfai* Höhle; *ĭmeféir* baufälliges Haus
imuschŏ'i Landstreicher
ĭn Mutter; *ĭnelap* Großmutter
ĭna mine daher, deshalb
ináмo! schadet nichts! was liegt mir daran!

inán, ilál dort (fern von mir und dir)
indschak! schadet nichts!
inausun so wie jenes
inä't, ilä't wann
ineg Körper
inét Teil, Portion, Anteil
inéti teilen, abteilen
inetila verteilen, austeilen
inóbor schlechte Haltung des Körpers
inóuen gute Körperhaltung
inün seihen, durchseihen
io wer, welcher; *eān io* wessen; *io it-om?* wie heißt du?
ioni vereinigen
ir (refl.) onanieren
irä sagen; *irä fötaléi* bekanntmachen
irä Bauholz
irong (refl.) sich im Spiegel betrachten
isål legen; *iså'llå* weglegen; *isållong* hineinlegen
isållügüü die Hoffnung ablegen, verzweifeln
isan aufbewahren, sparen
iså'to herreichen
iséiselong Geld einnehmen
iséisuou Geld ausgeben
iseli anvertrauen, aufbewahren
isou (cham. *isau*) Schuld, Sünde, Verbrechen, sündigen
isch Papier
ischi zeichnen, schreiben; *ischi tiligia* einen Brief schreiben; *ischi it* unterschreiben
it Name
itäpil loben, preisen
itengi drücken (die Hand)
itilong uonefáneu an Land fahren
ito kommen; *ito fan* herunterkommen
itöi wer
ittol Ankunft
ituóu schünuā an Bord fahren
iū Segel; *iū äf* Dampfschiff; *iu énemmuan* Klüversegel
iuéu segeln
iui Schmalz, Fett, Butter

K.

kå'bu (span. *cabo*) Unteroffizier
kå'bung Abschied nehmen
kå'büng lernen
kåfisch Günstling, Liebling
-kai = *käi* (Suffix) geschwind, schnell, hurtig
kålüg Gürtel
kåmö kaufen
kamö'lå verkaufen
kamüte Süßkartoffel
kanóa Trog
kåpon entmannen (span.)
kápö messen
kåscho Notzucht
kasüles (span. *calzones*, cham. *katsunes*) Hosen
kåtü färben
káü im gemeinschaftlich ein Haus bauen
käschig müde von der Arbeit
kät en im der Bindfaden, mit dem das Dachgeflecht an den Latten befestigt wird
kěl graben; *kěl lågo* Jam ausgraben
kěng scharf
képas sprechen, reden, Sprache; *képas tümog* laut sprechen; *képas egit* leise sprechen; *képas ěmuái* langsam sprechen
kěr vergnügt
kérange silo Schweinebraten
kěsch Ratte
kiäki die weiße Möve
kif hungrig; *kifelä* verhungern
kil eifersüchtig

kiritiálu die christliche Taufe, taufen, Christ, christlich
kŏb stumpf (ohne Schneide)
kóko (cham.) ernten
konéta (span. *corneta*) Trompete
kontrátă (span.) Vertrag schließen
kóttel en pái Brotkorb
kōl singen
kōt (intr.) jucken; *i köt* es juckt mich
kůp scharren
kü Finger- oder Zehennagel
kū'gū bissig

L.

lå, lål, lån, lä in
lă nach (Richtung); *la ígimu* = *la ĭgilal* dorthin
lábit Geige, Violine
lábuégi holen
lå'go Jam (cham. *dågo*)
lāl Eiter
lål hinein
lå'låmosch mürrisch, einer Sache überdrüssig
lálango besinnungslos, ohnmächtig (cham. *lalángo*)
lålēelai Geduld, geduldig
lánogōū geizig
lång Fliege; *lång såmol* Wespe
lāp alt, groß, der Erstgeborne
láulau Peitsche
láuti peitschen, züchtigen, prügeln mit dem Stock
láü morgen; *láü låsor* morgen früh
lä in
läáloas am Mittag
läbonetan anfangs
läbong nachts; *läbongī* heute nacht; *läbongoē* gestern abend
lä'bual schon wieder
läfäf abends von 5—7; *låfäf rosch* um 8; *låfäf máu* um 10
läfŏ unter Deck
lă'geläg bewachen, hüten
lālai lang
lälåm See innerhalb des Riffes
lälä Ring
lāmétau das tiefe Meer
läng Himmel, Kompaß
lănuáleual Wald („in den Bäumen“)
lăpál etwa 2 Uhr nachmittags
lâpetal zwischen
läpī Strand, Ufer („im Sand“)
lărăn bei Tag
låsor bei Sonnenaufgang; *låsoremáugug* kurz vor Sonnenaufgang; *läsor åiauas* etwa um 8 Uhr früh
lăsch leck, lecken
lău Maul; *alŭgüla läuom!* halte den Mund!
lēau-mä'liel Abenddämmerung
lēib Korb aus Pandanusgeflecht
leláu husten
lemóülă absondern
lemóüsangi getrennt von
lēri (tr.) schmecken, versuchen
lētal Wahrheit
liaupélig Bekassine
līb Grube, Pflanzloch; *lĭban månemä* Grab
libēpai Gecko
libóubal dickbäuchig
líbuăli beerdigen; *líbuălib* Begräbnis
libuéibog Tagschmetterling
liĕgag Schnepfe
lifai, lifåsch fünf
lifă'fä Hure
ligabóbo Harnblase
ligásenual Echo
līgasük Gewehr
līgipuai Bambus
ligischóur Strandläufer (ein Vogel)

lĭgit das Übrige
ligitålå̊ loslassen, losbinden, entlassen
ligitåtiu zurücklassen, verlassen
lĭkeb groß
lĭken Mücke
līm, *limóu*, *limman*, *līmefai*, *lĭfai*, *lĭfåsch* fünf; *līmeef*, *liměik* fünfzig; *limábukiu* 500; *limángeras* 5000; *līmesel* 50000
lĭm, *limäfisch* rein, ordentlich, anständig
limåsepasch blind
liméngau unordentlich
lĭmotong Qualle
limuĭg Ablehnung
lĭng herrlich, prächtig
lĭos (cham. *juos*, span. *dios*) Gott
lĭparösch Gecko
lĭpisch ledig
lĭpoi Zwillinge
lipŏtemau ein grüner Bockkäfer
lĭsang Höhle
lisăngesäng Schreihals, unartig (bei Kindern)
lisă'sä Bockkäfer
lĭselengåpüng die Taubheit
lĭsiob Hühnchen, Küchlein
lısóubulās Säufer
lĭschou fleißig, klug, schlau, verständig
lĭschöi grausam
lĭtūng Affe
lĭu Angst, Furcht, fürchten
lĭuäta furchtsam, ängstlich, feig
lıuät After
lĭuel, *lĭuěli* ablösen, tauschen, Geld wechseln, nachfolgen im Amt
llå̊ fortgehen; *llåbuegi* holen
lläsch Leck, lecken (Boot u. Dach)
llåu sich ekeln, ekelhaft, pfui! häßlich
llösch krachen, platzen
llūs springen; *llŭsetiu* abspringen
lō anwesend, bleiben
lóga (cham. *doga*) Pantoffel, Sandalen
lolål tief
lómot Nutzen, Vorteil
lómul Limone, Zitrone
lóne (cham. *done*) spanischer Pfeffer
-*lōng* (Suffix) hinein
lotŏu Westen; *lotouår* 240°, W zu S; *lotouěfang* 300°, W zu N
lóulou Peitsche
lŏ Öl
lö in; *löpuöl* in der Erde; *löfö* unter Deck
lŏg begabt, tüchtig, fähig
löllösch Geräusch
lōng Ameise
lŏ'schelă bersten, platzen, knallen
lŭgenebong Mitternacht
lŭgulap Mitte; *lŭgulapal* mitten in
lŭs übrigbleiben
lŭsun Rest
lŭto Trauer (span.)
lü Kokosnuß
lŭgülap nachlässig
lŭgülük = *lŭgüu* glauben, glaubwürdig, hoffen, vertrauen, sich verlassen
lŭgün = *lŭgül* draußen, hinaus
lügŭlüpal īm die Hauswand
lügŭpagür Rücken
lügüschāp Rückgrat
lŭ'lü kauen
lüsch Syrup

M.

må̊ heilen
måb ertrinken

mágemag Arorustärke, stärken
mágŭ̊legul schīm schwindlig
mágüt, magûtegüt bewegen
mái Fischgarten
măk, mákü gebären
mål brauchen, nötig haben, Mangel
mål ăl = *mål gilas* Narbe
málegil Wanze
málemal Sturm
málemuīg Ablehnung
máleu kleine Wellen ohne Schaum
málibong Hundertfüßler
må'liol schwitzen, Schweiß
máliöl dick in der Höhe (z. B. ein Buch)
málum ertrinken
målūm Küche
málük schå'bot Huhn; *malüke-muan* Hahn; *malükefäl* Hühnerzucht
må'må abschaffen, verbieten
mámau kräftig, stark
mān Tier; *mān fēgir* Haustier, Vieh; *mánefål* Viehzucht
mānā'liel Vogel
manat frech, schamlos
mánebong Hundertfüßler
mánegål geboren werden
mánelå abtreiben im Boot
manelēu nichtswürdig, gemein
mánemä Leiche
mánemenau lebendig
mánemoscho Dieb, Räuber
maneő Führer
manésebueng gelähmt
manesemai Kranker, Patient
må'nion schwitzen
mánobŭsch die Stummheit
må'noman heimlich, für sich
mänmīsemis Lügner
mān sósongau Verräter
manīng Donner
manüllap = *māntúfai* Greis
mang verrückt
mánger fliegender Fisch
mångemång Streit
mángerenger rauh
mangerai witzig
mangesefäl bereuen
manggána (span. *ganar*) gewinnen
må'ngofasch Glatze, kahlköpfig
mão reif (bei Früchten)
mār eingemachte Brotfrucht
mår Durst, durstig, begierig
máram Mond, Monat; *maram óschosch* Mondfinsternis
máras bitter
Mariáles, die Marianen; *rē Mariáles* Chamorro
mas Gesicht
másĕpăsch blind
masősō Kopra, Kern der reifen Kokosnuß
masch reif; *máschbut* überreif
måsch Beschäftigung, Arbeit; *eor måsch-i ígina* ich habe jetzt zu tun, d. h. ich habe jetzt keine Zeit
mat satt
māt Acker, Pflanzung
mát sitzen, sich setzen; *mátiū* sich niedersetzen
måtelå einstürzen, hinstürzen, hinfallen
matő'lap Kakerlak
mátör das Schlucken haben
må'un Kampf, Krieg
mäür schlafen
mä tot, der Tod; *mä eu pisch-*hinken, lahm auf einem Bein
mä'i Brotfrucht
mäias Brotfrucht, die Sorte mit Kernen
mäilő'lö seekrank
măk tätowieren

mălă sterben; *mälemår* verdursten; *mälepetjai* verhungern
măleti vermeiden
mäoschosch Dysenterie
măr = *mă'retă* entstehen (von Pflanzen u. leblosen Dingen)
mărĭr Freund
me und, von; *me ren* von, aus
mĕia woher?
méigilăl, *mĕigimul* dorther
meláग Hof, Ort, Platz
meláɡeli (cham. *binágele*, span. *vinagre*) Essig
melå'lå schicken (einen Brief)
melĕis herb
meléngeleng durchlöchert
mĕleti jäten, von Unkraut reinigen
mĕli ich meine, ich glaube, es scheint, vielleicht
mĕlon Zuckermelone
mĕm Kokossaft (Tuba, Toddy) süß
mémengi beabsichtigen
mémesäig Zufriedenheit
mĕnat kühn, mutig, tapfer
mĕnau leben; *mĕnáuau* das Leben; *menáutä! menáulå!* er lebe hoch!
mĕneng dünn (z. B. ein Blatt)
méngi denken, glauben, vermuten, sich erinnern; *méngemeng* Absicht, Meinung, Überlegung
merepĭlŏ Flaschenscherben
méresefäl rückwärts
méresengi auseinandergehen, sich trennen
merŏ'gelå verschwinden
méruou sich nähern
mesáɡeta feig
meså'l Schlaflosigkeit
mésån ehrlich
mĕsäg ängstlich, schüchtern; Angst, Furcht, sich fürchten
mesän ĭner! zum Teufel!
mesĕig froh, zufrieden, lustig; sich freuen
mésen lå'go Jamsteckling
mĕson friedfertig
mĕschä (v. engl. *metal?*) Eisen
mĕschen die Spitze
mĕscheng spitz
meschĕn-pesch Unterschenkel
mĕschetor mürbe, sanft
mĕscheräg unschwer, leicht, nicht schwierig
meschór Schlamm, Taropatsche
mĕta warum, was, wie; *meta it-om* wie heißt du?
métäk Schmerz; *métäk schim-oi* ich habe Kopfweh
mēuan ătöl gähnen
miă'fi fühlen, tasten
mĭlal von, aus; *milal me oro* aus Gold; *milal me éjang* aus Norden
milimăi! langsam!
minå'sch (v. span. *venado?*) Hirsch
mĭne bis
mīs Lüge; *mĭsi* = *mĭsimis* lügen
mĭt ausgleiten; *mĭtemit* schlüpfrig
ḿman (kompar.) als
ḿmang dumm, töricht
mmăs wach; *mmăselå* = *mmăsetä* aufwachen, auf!
mmasch Beriberi
mmăt Ebbe, seicht
ḿmosch kurz
ḿmuai verzögern (*-muai* langsam)
ḿmue-n-r über, erhaben, hochstehend, zuerst
ḿmuen dürfen, können; *ébue ḿmuen* es kann sein, ist möglich

mmús sich erbrechen
mói Krätze
moi Versammlung
moi Zeit; *moiue* in alter Zeit
mólī Holzkohle
mómongåg sich ankleiden; *mongåg* (cham. *magågo*) Kleidung; *mongågon fän óschou* Regenmantel
mṓmungo essen, sich nähren
mōng Katarrh, Schnupfen
mŏ̄ng-ei (meine) Stirn
mongi Geschwister
mongṓlap gefräßig
mōr müde vom Laufen
móscho stehlen, rauben, berauben
móschomosch kurz, niedrig
mōt gar
mŏ̄talül (cham. *umótatnon*) spazieren gehen
mōtḗmas halbgar
mṓus graues Haar
mö-n-r Belohnung, Bezahlung, Preis; *mṓni* bezahlen; *mṓn* es kostet; *mṓr* sie kosten
-muåi langsam
mual sauer, der gegorene Kokossaft (Tuba, Toddy)
mual außen, vor; *mual īm* vor dem Haus; *mual ilū́ maram* vor drei Monaten
mūal åtöl gähnen
muåliel schwindlig
muåmai gut, gütig, hübsch
muāt Regenwurm
muän = *muan* Mann, männlich
muā̆r Kranz; *muåremuar* bekränzen
muå'riker das Siebengestirn
muēlelă sich verirren, verlaufen
muérä frech
muḗt laufen; *muḗtekai* sich beeilen; *muḗtemuai* langsam gehen, schleichen; *muḗte me uan* überschreiten; *muḗteto* herbeikommen
muḗtesengi auseinandergehen, überholen, hinterlassen (Erbschaft)
muḗte ren mongå'g Putzlumpen
muī Amsel, Drossel
muīg verweigern, eine Bitte abschlagen
muīr hinten, zuletzt, nachstehend im Rang; nachher, endlich; *muīr gīt* Nachkommen
múirimuir steuern, Steuerruder
mūl, *mūn* Raupe
mungo Essen, Speise, essen; *mungou-åloas* das Mittagessen
mū̊rin hinter, nach; *mū̊rin ḗschai* hintereinander; *murin ilúmaram* nach drei Monaten
murischigeschig zuletzt
múschen wollen
mū́si niesen

N.

nå Brandung, hoher Seegang; *nåbṓbō* Dünung; *nåkit* kleine Wellen mit Schaum; *nålapelap* Wogen
nåiräs mühsam
nåm Atoll-Lagune, Hafen, Landsee
nåm, *nåmókü* Mücke, Moskito
nān Eiter
nå'nå Brandung
nånesă Bark, Schiff, Schuner
nåneso Hütte
nå'genäg bewachen, hüten
nå'neu gestern
nå'nien mungo Eßgeschirr
nå'nien salåpe Geldbeutel, Börse
nē jemand; *ḗschai nē* einer
nenau Husten, husten

níu Furcht, fürchten; *níuĕta* furchtsam
nnī = *nnīlă* töten, schlachten; *nnī áramas* morden; *nnī me neoălă* = *nnī fetălă* Meuchelmord; *nnī fetă* Selbstmord
ńnŏ̈ gut, wohlschmeckend, schmackhaft
nnür Schatten
nō bleiben, dasein, anwesend; *nŏnō* wohnen
noăl wild, wildwachsend
nŏ̈g = *nŏ̈'genög* fest
numäi ein Boot ausschöpfen
nŭnebu eine kleine Fledermaus
nü Kokosnuß; *nü masŏu* fast reife —; *nü fŏ̈* Pflanznuß; *nü ka ăua* tragende Kokospalme
ngäl geil, wollüstig
nganga (cham.) Ente; *ngangáleual* Wildente
ngangas atmen
ngăsepō keuchen
ngăsetä seufzen
ngät durlöchert, hohl, Loch, Ritze, Höhle; *ngătenī* durchbohren, ein Loch machen
ngătō herreichen
ngau schlecht, böse, schädlich, gemein
ngäsch Kante, Rand
ngī und, aber
ngĕni, *ngĕli* gegen
ngéni geben
ngĕre wenn (*ngĕre ătak* wenn fertig = hierauf) oder (*ēn ngere ngang* du oder ich)
ngī Zahn; *ngīliū* Backzahn; *ngīn ăliep* Eckzahn
ngōng beben, zittern vor Angst
ngön = *ngŏ̈l* Seele
ngŭd zähe
ngŭ̈'lengül übles nachreden, verleumden
ngüng = *ngüt* aussaugen (Zuckerrohr
ngŭ̈ngü brummen, murren, grunzen, girren; *ngüngü ŏ̈riör* laut klagen vor Schmerz
ŏkur spielen, Spiel (Kinder- und Unterhaltung-)
ólăgu Stoßeisen, Fusinios, Unkraut jäten
ŏloschig Kokos-Pflanznuß
ŏmalĕ letztes Mondviertel
ōn, *onŏu*, *ónoman*, *ónufai* sechs; *óneef* = *onĕik* 60; *onăbukiu* 600; *onángeras* 6000; *ónusel* 60000
ŏnegad jung, Jugend
onepĕgiek auf der Seite liegen
ōneseléng auf dem Rücken liegen
ŏneschap auf dem Bauch liegen
ónolă sich legen; *onŏtiu* sich niederlegen
ŏnopi brüten
ongemāu die echte Schildkröte (mit gutem Schildpatt)
óngoti auspressen
óper überlisten
ŏra (span. *hora*) Stunde; *ŏra mĕta?* wieviel Uhr ist es?
órong Gurgel, Kehle
ŏrór Landungsbrücke
ŏrumi schlucken; *orumīlong* herunterschlucken
ōsch Riff
óschäi = *oschosch* essen, fressen
óschou Regen, Wolke, regnen; *ŏschóuschou* Regenzeit
ōt Taro; *pag en ōt* Tarosteckling
ŏungau arm
ŏusä reich
ŏ̈fŏ̈ Oberschenkel
ŏ̈'ischam Querbalken

öl, ö'lüfai, ölüfåsch, ölüschai drei; *ölëngeras* 3000; *ö'lesel* 30000
ör Süden; *öre leās* 150°, S zu O; *öre läson* 210°, S zu W
ö'rī sich gewöhnen
öriör brüllen (Stier), heulen (Hund)
öt eins
ötiu Osten; *ö'tiu éfang* 60°, O zu N; *ötiu ör* 120°, O zu S

P.

pā Exkrement
på Fußboden
păg zusammen
păg en ōt Tarosteckling
pagü'lă abschneiden.
Pagüloósch karolinisch; *rē Pagüloósch* Karoliner
pågüu schīm Haare schneiden, scheren
pái Vorrat; *pai mungo* Mundvorrat
pái Arm, *pai mä* gelähmt oder Krüppel am Arm
pai ä'liäl Flügel
páilang Horizont
páini (v. span. *peine*) sich kämmen
painü Kokoswedel, Kokosblatt
paischö'i = *paití* Flederhund
på'jo (cham.) Regenschirm
pak stumpf (ohne Spitze)
păk dringend
păl Hügel
palār heiser
påleual gegen, *påleualü* Feind, Gegner
Pålöi Palau
palūma (span.) Taube
pålüen = *pålüelī* antworten
pålüu Lotse
pån trüb
pān kalfatern
pāp Brett
påpa zählen
pår krumm, schief, schräg, gebogen
pårang Eisen, Glocke; *pårang gitikīt* Schelle
párapar rot
parás Funke, auch Wasserspritzer
på'ron Krümmung
párüng Hut; *parüngerüng* den Hut aufsetzen
pås mäßig
păs dürr
påsetä uan osch auffahren auf ein Riff
păsch kleben; *páschepasch* klebrig
paschemëschä Säbel
pasch en sār Messergriff
păsch mas blind
păt Donner
păt klemmen
påtă Dysenterie (s. *pā*)
påtapat kalt
påtekisch sehr kalt
pā scheißen, *pān man* = *pāl man* Mist
pā'i traurig, trübselig, betrüben, Schmerz empfinden
päi Kante, Rand
păk Gewehr, schießen
păl billig
pāngi zählen, rechnen
päschig fein
păt Donner, sich klemmen
pā'u Hai
pégirī ohrfeigen
péi Dorf; *péi en mánemä* Friedhof
péig tieftauchen
péig Seite; *peigiéi, peigil* diesseits = *peigil me igéi; peigi-*

nan jenseits, gegenüber = *peigil me gilál; peigimuan* rechts; *peigischå'bot* links; *peigitä* Norden; *peigitiū* Süden; *peigilong* Osten; *peigiuóu* Westen
peijöl die Bastschale der Kokosnuß
peiniā'l Narbe
péipēi Kehricht
pēisăg die harte Schale der Kokosnuß
pĕl trocken, leicht von Gewicht
pĕli Seite
pĕsch Bein; *peschämä* Krüppel am Bein; *peschepår* krummbeinig (u. zwar O-beinig)
petjǎi hungrig, Hunger
pĭ Sand
píäpi die Sandküste, Strand
pĭl verbieten
pĭla fengeni umrühren
pĭn dicht (v. Gestrüpp), verwickelt, verwirrt
pĭn = *píni* Haare flechten; *pĭn äméi* Seil flechten
pinepinā'lŏ Flaschenstöpsel
pīnga (span. *pinia*) Ananas
pĭpī Spiegel; sieh da! (refl.) sich im Spiegel betrachten.
pĭraf, *pírifă* stehlen
pĭseg Ding, Sache, Werkzeug
pĭsch (s. *pesch*) Bein
pógue Pandanus (mit eßbaren Früchten)
pŏi verbrühen, Brandblase
pŏs stolpern
pŏ = *pŏl* leer
pŏllebuis (*puŏlebuis*) Hölle (Ponape: *puéliko*)
polū'lül Eiweiß
pŏn áimet (leere) Muschelschale
pŏ'pŏ Besen, fegen, kehren
pŏpŏn passend, angemessen
pŏr Trinkflasche von Kokosnußschale
pŭ Betelnuß
pŭl brennen, verbrennen, Flamme
puŏbu schwängern
púopu biegsam, schlapp
puŏt Nase; *puótngingi* durch die Nase sprechen
puŏl Erde, Schmutz, schmutzig, unrein
puöl en pǎk Schießpulver
püng knallen, fallen, unterliegen
püng en pǎk Schuß
pŭngefengen verabreden
pŭngelă stürzen, hinfallen, verlieren im Spiel oder Kampf; *püngelă ūbuan* Leibesfrucht abtreiben
pŭngetiu einstürzen, herunterfallen
püngoschóu regnen
pŭ'telă = *pŭ'tetiū* untergehen, sinken

R.

rågum ein Taschenkrebs
rāmi umarmen
răng Gelbwurz
rangáiböl ein Wasserhuhn
rángerang gelb
rapáu geschickt
rapfān = *imissio membri in os*
rās Walfisch
rāu Kessel, Kochtopf; *rāuă* im Topf kochen
rä = *rän uălcual* Ast
răg Jahr; *ră'gefŏ* Neujahr; *räge ebuíto* = *răgi eīto* künftiges —; *ră'goe ĕlå* voriges —; *rägī* dieses Jahr; *räge me räg* jährlich
ră'geräg lesen
răgisch Kalophyllum

räi sägen
rä̃n Tag; *äräu* es tagt; *ränéi* heute; *rän en fel* Sonntag; *lä rän* bei Tag; *ränin me ränin* = *álangan rän* täglich; *räne mai* guten Tag
rä'pi gescheit
rärä Säge
räting Zweig
rē- Leute; man: *rē ápasa* man sagt; *rē Peigiŭōŭ* Europäer; *rē Mérige* Amerikaner; *rē Pagüloosch* Karoliner; *rē Sapanīs* = *rē Sepan* Japaner; *rē Mariäles* Chamorro; *rē Sĕpaiol* Spanier; *rē ángang* Arbeiter; *rē uasōlă* Einwanderer; *rē uān* Fremdling; *rē faneuēi* mein Landsmann
régisengi hinterlassen (Erbe)
ren bei, mit, durch, gemäß, zugehörig, wegen; *e dibe rēi* er schuldet mir
resím Regenbogen
rígikai sich beeilen
rígitō herbeikommen
rípī brechen (Topf); *rípisäg* = *rípingäg* entzwei
róai der Karolinerkamm
róngerong hören; *róngerong éngaŭ* Mißverständnis
ropī zerlegen (einen Braten)
rṓs im Spiel verlieren
rosch dunkel; *roschápüng* dunkeln
róurou Hutband
röt Zopf
rūb Frambösie
rúerū flink, gewandt
rúg Fehler, sich irren
rúmä Ziegel
ruórungau linkisch
rúo, rü'fai, rüschai, rüfásch, rúu zwei; *ruäf* = *ruä'k* 20; *rüabukin* 200; *rüángeras* 2000; *rüesel* 20000; *ruä'pingit* 200000
rü̃ entsetzlich, schrecklich; Schreck, erschrecken
rúgerüg falsch, trügerisch; Bösewicht

S.

sāb nein; *sāb esé ilă* nein gewiß nicht!
såb nicht, nicht dürfen; *osåb pirap* du sollst nicht stehlen
sabóischug Berggipfel
såbṓlobol die Papageientaube
så'bon Ende, Spitze; *så'bon säl* das Tauende
safäli leichtsinnig
saféa heilen (trans.)
såg Busch klären
så'gul Ei, Eier legen; *så'gul a áramas* ein angebrütetes Ei
sågür Rücken
sagürepår bucklig
såk urbar machen
sål legen, *sållå* weg-; *sållong* hinein-
salápe Geld (cham.)
sálami = *sánami* empfangen, annehmen
-salo = *-sano* anwesend
sam Vater; *sámalap* Großvater
såm wichtig
så'mol Häuptling; *såmol en uå* Kapitän
sángeras tausend
såpasap Buschmesser
såpel Axt
sār Messer; *sār relos* Taschenmesser
sāreu Messerstecherei
såram hell, klar, licht
sårobuesch blaß
sarómang staunen, erstaunen

såschuk Schlucht
sauī Muschelhorn
saulī erwarten
sä̆ Penis
sä- (Präf.) nicht
säă̆'fischi ungern, nicht mögen
säfäl zurück; *säfälíto* zurückkehren
sä̆'fēi Arzenei; *säféiă* kurieren, verarzten
sägülä nicht wissen
säilå̆ Reisender
sä̆'imi schärfen, schleifen, wetzen, spitzen
sä̂inemå'un Kriegsschiff
säl Tau, Seil; *säl áischik* Strick
sä̂lía (span. *sandia*) Wassermelone
sälīlå̆ sich hinlegen
sälómot nutzlos
sälŭ̆'güu mißtrauen
sä̆mä̂i krank
sä̆'mĕsäg furchtlos, frech
sä̆'muĕn nicht können
sä̆'muschen nicht wollen
sä̆'nemō noch nicht
sä̂ng weinen, schreien; *sä̂ngesäng* weinerlich; *säng åkabuas* laut jammern
sä̂ngeti trauern
sä̆pi Teller
sä̆pöpŏ̆'u enthaupten
sät Meer, See
sätä darauflegen
sätip en ŭ̆rä Holzsplitter
sä̂tiū hinlegen, niederlegen
sä̂u sich schämen
sä̂uasch nackt
séilå̆ fischen
séik zehn
sĕ̂l zehntausend
seleng Ohr; *seléng ĕpüng* taub
sĕ̂lenga artig, gehorsam, gehorchen, erlauben
sĕlengéia vergebens
sĕ̂lep Erdbeben
séntak unfertig; *senták emō* noch nicht fertig
Sepaiól Spanien, spanisch; *re Sepaiól* Spanier
sĕ̂päl Kiemen
Sepān Japan, japanisch; *rē Sepān* Japaner
sĕ̂pelan låü übermorgen
sĕ̂pelan nåneu vorgestern
sĕ̂pi Schüssel
sĕ̂ram die Helligkeit
serä̆g gesund
serä̆k fahren (das Schiff, auf dem Schiff)
sĕ̂regī! auf! *seregītä* vom Boden aufheben
sībuelī auffangen
sigå̂llŏ̆ Tabakpfeife
sigóurū Neumond
sīlang schwach
sīles Lanze, Speer (Kriegs-)
sīlō Schwein; *sīlóuăl* Wildschwein
sīng Blähung
sīr Urin, pissen
sūva Ziege (cham. *tchiba*)
sīt Durchfall, Diarrhöe
sónegad eben, Ebene, guter Boden
sōng zornig, Ärger, jmd. ärgern, schelten; *songä̆'ti* tadeln; *sóngefengen* sich mit jmd. erzürnen
sŏ̆p Tropfen; *sósop* tropfen
sórobusch stumm
sorómang bewundern
sorosórebusch = *sorosóremmang* blödsinnig
sosŏ̆l = *sosón* Boden, Erde
sŏ̂song jähzornig

sosongóa verraten
sóu- Amt, Beruf; *sóu-afö're* Zauberer; *sou-atăroă* Faullenzer; *-äschep* Jäger; *-akünö* Diener, Aufseher, Arbeiter; *-atötön kepas*, *-auéuen kepas* Dolmetscher; *-ägékai* alberner Mensch; *-ennī* Mörder; *-faifai* Flechter; *-fåtül* Ruderer; *-fīta* Fischer; *-kåtü* Färber; *-kåbüng* Lehrer; *-kå-mő* Kaufmann; *-künö* Diener, Aufseher; *-képas* Schwätzer; *-läng* Priester; *-māt* Landmann, Bauer; *-muirimuir* Steuermann; *-säfei* Arzt; *-sät* Fischer; *-töre* Weber; *-túmo* Gerber
sóufang Meeraal
sóul — buál soul jemehr — destomehr
sóusou Hexe, Zauberer
sŏk voll
söl Hode
söngöngö sich erkälten
sōu halbreife Kokosnuß
ssĕr Schlinge
suásu Maiskuchen
súburī (einen Flüchtling) aufhalten, fangen
sűgeg offen
sűgi (ein Blatt) umwenden
sűgīlă (Tür) aufmachen, öffnen
sűwa (cham. *tchuba* v. span. *chupar*) Tabak
sü! sülå! fort!
sü'lå fortgehen
sük der Tropikvogel
sülū schim die Haare schneiden, scheren
süp Gift, Fische mit Gift fangen, (betäuben)
sü'pă vergiften

Sch.

schå Leute, Familie; *ei* meine, *åm schå* deine Verwandtschaft; *schå ne Oleai* Leute von Oleai; *schå ángang* = *schån ákünö* Arbeiter; *schå äppät* Gefangener
schå'bot Frau, Weib
schå'ilå Wanderer, Passagier
schåisäi Auswanderer, Reisender
-schăk (Suffix) immer, nur; *-schak me īgue* = *-schak me lām* schon lange; *-schak épukiu* sich selbst
schăl eben, glatt, zart
schånengåle Gatte
schāmu Stirn
schån åkünö Dienerschaft, Arbeiterschaft
schån emām Kundschafter
schån kåbüng Schüler, Schulkinder
schån lă'geläg (*năgenäg*) Wachtposten
schån păk Schütze
schān Wasser
schånebu = *schānebűbu* Quelle
schānekil Brunnen
schānelă schmelzen (z. B. Butter), auflösen in Wasser (z. B. Salz)
schān en mas Träne
schå'nepan schützen, beschützen
schå'neua einig, einträchtig
schåni retten
schånīm Ehe, heiraten
schå'nimu Gatte
schå'noa Kamerad
schanün Saft
schăp kentern
schápap glatt
schå'reg still, Windstille

schåsóu viele Leute
schåschäp Ruderer
scháuar Hausgeräte
schăp Eltern
schäp (*en bōl*) (Boots-)Riemen, Ruder
schäpenīn Nacken
schări begatten, beischlafen
schău mit einem an Stangen befestigten Netz fischen
scheoar Ware
schĕpegü einen Fußtritt geben
schĕt Erdbeben, flattern (von einer Flagge)
schetán naß, feucht
schetol schwarz
schēuarau träge
schīa Mangrove
schīĕni helfen, unterstützen
schīm Kopf; *schīmuánger* Krauskopf; *schīmugåt* Blondkopf; *schīmuimor* Glatzkopf
schīmĕráurau verstimmt, schmollen
schīmutå aufstehen vom Liegen
schipin der Stamm; *schipin uåleual* Baumstamm; *schipinemä'i* Brotfruchtbaum; *schipin nŭ* Kokospalme
schipin pesch Oberschenkel
schītan feucht, naß
schītim nicken
schīu Ohrgehänge
schō reife Kokosnuß, Kopra
schō kräftig, stark
schŏpolap fischen mit dem großen Netz
schōs finster
schou ein an Stangen befestigtes Netz; *schoupaischŏi* Flederhunde mit dem Netz fangen
schouår Vermögen
schóulelă untergehen, sinken (Schiff)
schóurau lä īm Zimmereinrichtung, Hausgeräte
schŏ'gi = *schŏschŏ'gi* massieren
schŏ'git eng
schŏ'lap breit
schŏ'legal Zunge
schŏn Blatt; *schön uåleual* Baumblatt; *schön īsch* ein Blatt Papier
schöngågeni = *schönagenītä* etw. aufhängen
schötölåpelä sich verbreiten
schū = *schūschak* zusammenhalten
schūfengen = *schūfengenschåk* beisammen
schūg Berg, Gebirge
Schūg die fälschlich Ruk oder Truk genannte Inselgruppe
schúgupul Vulkan, Feuerberg
schūngi entdecken, finden
schūschu finden
schůschu Tasse aus Kokosschale
schū Knochen; *schūn dramas* Skelett eines Menschen
schün īk Gräte
schūafisch eifrig, fleißig, gehorsam
schūg Korb aus einem Kokosblatt geflochten
schül Pfahl
schüngau = *schūngoa* klagen, anklagen, anzeigen, prozessieren
schūrärä Rippe
schüschü mager
schüschü Klüverbaum

T.

tā Magen (mein — *tăi;* dein — *tam*)
tă Eingeweide
tå Tridacnamuschel
tåb verboten, Tabu

tabå'tos (span. *zapatos*) Schuh
tábu folgen, mitgehen
tabuéi verfolgen, mit
tágă Heuschrecke
táiŭtiū herabziehen
tăk bereit
tákengeni halten, enthalten, fassen
takūa Kürbisflasche, Krug
tāl = *tān* Darm, Gedärme
taláia (cham.) Wurfnetz
tálü waschen, sich waschen, putzen
talüngenü schmieren
tamák Tabak
támbot Trommel
tángerutä hinaufklettern
táolå sich entfernen
taráünă (Huhn) rupfen
tåtåfi sich reiben, einreiben
tau Entfernung; *tauan* fern, weit (seine Entfernung)
táŭnām Mückennetz
tāūr Einfahrt in den Hafen
táü ziehen an einem Strick
tă'gieg flüssig
tă'i nähen, flicken
tăir verderben
tăl, *tălin* Reihe, Linie
tän ă'let geblendet von der Sonne
tă'pengi helfen, schätzen, retten, Hülfe
tă'reng, *tă'renga* reißen, rissig
tă'tă reiten
tĕfă sich kämmen (mit dem Karolinerkamm)
téig Gelbwurzfarbe, sich mit — bemalen
téir faul, verfaulen (Fleisch)
tĕkias hoch
tĕlă gestehen
temáu hart, steif
tépågur Zaun
téra werfen
terĭelap Längsbalken im Haus
tĕtă im Wagen fahren; *tetålå* fortfahren
tĕlar werfen
tĭbuei heben mit einem Hebel
tĭf steif
tigafü'fü bunt
tĭgeg Nadel
tigfelă'ng klingen (intr.)
tikĭtol Flußaal
tĭkot Zimmer
tĭl Sardine
tĭlå schließen, zumachen (Tür)
tĭligi Brief (cham. *tinige*)
tilingi spalten
tin scheinen; *tinin ă'let* Sonnenschein
tíngår fordern, verlangen, wünschen; Gesuch
tíngi schieben
tĭngi weibl. Geschlechtsteil
tĭpali mögen, gefällig sein
tĭpäni einverstanden
tipärū'erū = *tiperūariu* Laune, heucheln
tĭpuas Zimmer
tīt Wand
tĭtig tönen, pfeifen
-tiū (Suffix) hinunter-; *tiūfan* hinunter
tiūlong uonefáneu an Land fahren (mit dem Boot)
tiŭĕlegüs weniger
tiuĕlesou mehr
tiuĕlepal sich wohlbefinden
tíuen seră'g sich erholen
tjă Blut, blutig, blutrot
tjăn = *tjāl* träumen
tjáu schwer, anstrengend, Gewicht
tjĕlă erstaunen, sich wundern, träumen
tjĕmau hart, hartnäckig, zähe

tō dulden, erdulden, wagen, kommen
-to (Suffix) bezeichnet den Prohibitiv: *oto* du sollst nicht, *auto* ihr sollt nicht
tobagorúlå einzäunen
tŏg naß
tolomān Herde
tōlong hereinkommen
tong milde, mitleidig, Mitleid, bemitleiden
tongenī ankommen
tŏr springen; *tórotiū* abspringen
tóri annehmen ein Geschenk
tórofī fangen
tóu schwer v. Gewicht, schlapp, kostbar, teuer
tou Lanze, Speer, stechen mit dem Messer, stoßen mit dem Stock
tou en īk Fischspeer; *tou īk* Fische speeren
tou ún („sein Gewicht") wiegen (intr.), kosten, plur. *touúr*
touŏu herauskommen, raus! frei
tȫ Insel
tökatiu nü Kokosnüsse herunterwerfen
tö̆'llau kriechen
tölü, *tölülå* ausziehen (e. Zahn)
tȫngög etwas aufhängen
töngü (trans.) riechen, wittern
tȫ'pai klimmen
tȫr weben, Gewebe, Lendentuch aus heimischem Gewebe
tördgenī etwas aufhängen
tȫregȫ Krampf
tȫröngi weben, Gewebe
tȫ'tä aufsteigen, hinaufgehen; *tȫtän ä̆'let* Sonnenaufgang
tö̆'tegāg gackern
tȫ'tiū absteigen, herabkommen
tötȫ'lă sich ausbreiten, verbreiten
tŭbulă untergehen (Sonne)
tuĕn egüs-muan weniger als
tuĕn-muan mehr als
túfai alt
tüg Faust, Prügelei; *tugú* mit der Faust schlagen oder stoßen
túlong tauchen
tŭmog groß; *kepas tumog* laut sprechen
tŭmuri lecken
tŭ'fal Nagel; *tūfaliū* nageln
tūfi tauchen
tūgemī einwickeln, einrollen (Geld), verbinden (Wunde)
tūgüm Hüftentuch, Lendentuch
tūl Fackel, mit der Fackel Krebse fangen
tūlüngī ausbessern (Dach)
tūngår bitten, betteln
tüngórongor schnarchen
tūt Mutterbrust, Milch
tŭ'tü baden, sich waschen
tūu Lippe
tūu, *tüúfai*, *tüúfåsch*, *tüūman*, *tüŭŏu* neun; *tuăk* = *tuäf* 90; *tüåbŭkiū* 900; *tüuángeras* 9000; *tüūsel* 90000
tūuen etwas; *tüŭĕn ĕgüs* ein wenig; *tüŭénĕgad* ziemlich gut

U.

ū Fischreuse
uā Ader; *uånepe-* — am Arm; *uånepesh-* — am Bein
uā Kanu, Schiff; *uā serak* Hochseekanu; *uā tuĕū* Segelschiff
uā aussehen wie
uáiräs geheim, heimlich, schwierig, Geheimnis
uáischug Berggipfel
uáitag nervös
uåke (span. *vaca*) Rind; *u. muán* Stier; *u. schåbot* Kuh

ual, *ualefai*, *ualefåsch*, *ualeman* *uolóu* acht; *uáleéf*, *ualík* 80; *ualébukiu* 800; *ualángeras* 8000; *uálesel* 80000
uáleual Baum, Pflanze
uálekit Strauch
ualŭ'pin Dickicht
uan auf
uān Frucht
uánemas Gesicht
uángau = *uáput* geizig
uār Wurzel
uasēi Säbel
uasö̆'la Ansiedler
uasúlă (cham. *basula*) Unkraut
uāū Eisvogel
uáuau Prügel, Hiebe
uă'ffisch freigebig
uă't Sperma
ūb Bauch
ŭbúb waschen (Kleider)
uē der, welcher
uĕgeti = *uélegi* wenden
uélang oben
uélangil über
uélelag = *uélegag* umgekehrt, verkehrt
uélegin = *uéle ngäschen* um herum
uéleuel = *uéneuen* gerade, genau, gerecht
uéleta retä senkrecht stehend
uéleta retiū senkrecht hängend
uéleuéleta aufblicken
uénemoi rän vor Sonnenaufgang etwa von 4—6
uénepei Friedhof
uéreuer Blitz
uéri sehen, sieh da! *uérilet* scharfsichtig
uēschug auf dem Berg
uéti warten
úgu blasen; *ugúgu* ausblasen
uī ausreißen (Unkraut), jäten
uífōtäg Anker lichten
uisch Banane
uíschī hauen, schlagen, prügeln mit dem Stock
uíseg entstehen, wachsen (von Mensch und Tier)
úiū ōt Taro ausgraben
ulå sich hinlegen
úlä sich schneiden; *úlålå* abschneiden
ŭlå'lå fortgehen
úlēlai oval
ulimoi rän Morgendämmerung
úlugad schön von Gestalt
úlungau unschön von Gestalt
ulúl rund; *ulúlemuröl* ganz rund
ulúlun Sorte
ūm Backofen, backen auf heißen Steinen
úmŭbuesch Kalk brennen
ūmúnŭbŭesch Kalkofen
ŭmú verführen, führen; *ŭmūlå* fortführen; *ŭmútō* herführen
únguschik Dachfirst
únguti melken
ŭnus = *úlus* ganz, unzerbrochen
ūnmán Käfig
uói Dachsparren
uŏn = *uŏl* sich (schlafen) legen; *ŭóllå* sich hinlegen
uōng die grüne Schildkröte
ŭóngeŭong melken
uóngeti pressen mit der Hand
uóschefä Hure
uóu Zuckerrohr
ūr Banane
usóus Halskette, Glasperlen
úschäi essen, fressen
ŭt = *utulat* das öffentliche Boots- und Tanzhaus
utáneböt Bootschuppen
úti begießen (Pflanzen)
ūtingeni schān mit Wasser bespritzen

uü̆'nekün Rand

ǖf Hemd, Jacke

ǖg Hüfte

ügǖ'g Reis stampfen (um die Schale zu entfernen)

ǖ'gü = *ügǖ'schak* Steine aufeinanderschlagen, Nagel einschlagen

ü̆'güschak gestehen

ü̆k Klaue, Nagel

ükün Tabak rauchen

ǖlå! halt!

ülöil Hängematte, Schaukel, Wiege

ülǖng Kopfkissen

ǖn Haar; *ǖn en sīlō* Borste; *ǖn en ík* Schuppe (übertr.: Flecken, Staar am Auge); *ǖn en mān āliäl* Feder; *ǖn āl* Hauthaar, Behaarung

ǖn trinken; *ǖnemílă* leertrinken; *ün sǘwa* Tabak rauchen

ü̆ng heftig

ǖ'oni = *ǖonítä* = *ǖ'oni féngeni* sammeln, zusammenlesen

ǖp Fischgift

ǖr Hummer

ür Hauspfosten, Pfeiler

ǖră sagen; *ǖră ía* bejahen; *ǖră fätalḗi* bekanntmachen, veröffentlichen

ǖ'ră Bauholz, Stock

ürégepuöliu mit Erde bedecken

ü̆'rü Wagen ziehen (Ochs)

ǘrüngi sich im Spiegel betrachten

ürǖregad pünktlich

ürǖr tăp auf der Erde schleifen lassen

üschöi fĕ̄tal herumlaufen

ü̆'schügi einen Baum schütteln

ǖ'tă aufstehen vom Sitzen

ǖ'tünan karĕ̄ta Wagenladung

ǖ'ŭ Hals

üŭbō Kropf

ǖ'uă warum!

FSC
www.fsc.org
MIX
Papier | Fördert gute Waldnutzung
FSC® C083411

Kolibri 360 GmbH
Ferdinand-Jühlke-Straße 7
99095 Erfurt, Deutschland
produktsicherheit@kolibri360.de